高等职业教育智能机器人技术专业系列教材

移动机器人编程技术与应用

主　编　汪振中
参　编　周述苍　林佳鹏　肖逸瑞　陈文科

U0216969

机械工业出版社
CHINA MACHINE PRESS

本书以世界技能大赛移动机器人赛项中的编程技术为主要知识点，介绍了以 myRIO 为控制核心的 LabVIEW 编程技术。本书内容包括 LabVIEW 编程技术认知、myRIO 的软件安装与配置、myRIO 输入/输出口基本功能应用、机器视觉应用、电动机控制、带通信协议设备的应用、移动机器人的机械设计和移动机器人的运动控制。

本书从 LabVIEW 编程入手，同时结合 myRIO 控制器应用，力求为学习以 myRIO 为控制核心的 LabVIEW 编程奠定基础，并对关键编程技术进行深入阐述。本书可作为高职高专院校和技师学院智能机器人技术、智能控制技术、新能源汽车技术、机电一体化技术、电气自动化技术、工业机器人技术、计算机应用技术或物联网应用技术等专业的教材，也可为相关工程技术人员学习 LabVIEW 编程和基于 NI 的其他硬件应用提供有益借鉴。

本书配有程序源代码和学习视频等资源，便于学生全方位地理解和掌握世界技能大赛移动机器人赛项的编程技术。凡使用本书作为教材的教师可登录机械工业出版社教育服务网 www.cmpedu.com 注册后下载配套资源。咨询电话：010-88379375。

图书在版编目（CIP）数据

移动机器人编程技术与应用/汪振中主编 . —北京：机械工业出版社，2021.5（2024.9重印）

高职高专智能机器人技术专业系列教材

ISBN 978-7-111-68146-5

Ⅰ.①移… Ⅱ.①汪… Ⅲ.①移动式机器人-高等职业教育-教材

Ⅳ.①TP242

中国版本图书馆 CIP 数据核字（2021）第 082029 号

机械工业出版社（北京市百万庄大街 22 号　邮政编码 100037）

策划编辑：薛　礼　责任编辑：薛　礼　王海霞

责任校对：王　延　封面设计：马若漾

责任印制：单爱军

北京虎彩文化传播有限公司印刷

2024 年 9 月第 1 版第 3 次印刷

184mm×260mm · 13.5 印张 · 328 千字

标准书号：ISBN 978-7-111-68146-5

定价：47.00 元

电话服务　　　　　　　　　　网络服务

客服电话：010-88361066　　机　工　官　网：www.cmpbook.com

　　　　　010-88379833　　机　工　官　博：weibo.com/cmp1952

　　　　　010-68326294　　金　书　网：www.golden-book.com

封底无防伪标均为盗版　　机工教育服务网：www.cmpedu.com

Preface 前言

党的二十大报告指出："教育、科技、人才是全面建设社会主义现代化国家的基础性、战略性支撑。必须坚持科技是第一生产力、人才是第一资源、创新是第一动力，深入实施科教兴国战略、人才强国战略、创新驱动发展战略，开辟发展新领域新赛道，不断塑造发展新动能新优势。"

本书在编写过程中，坚持教育优先发展、科技自立自强、人才引领驱动，加快建设教育强国、科技强国、人才强国，坚持为党育人、为国育才，旨在全面提高人才自主培养质量，着力造就拔尖创新人才。

移动机器人系统是集环境感知、路径规划和动作控制等多功能于一体的综合系统，运用机械设计与安装、传感技术、电子技术、机器视觉、控制技术、计算机工程、信息处理技术和人工智能等多学科理论知识和实践操作经验，围绕机器人的机械和控制系统进行工作的。

移动机器人除用于宇宙探测、海洋开发等领域外，在工厂自动化、建筑、采矿、排险、军事、仓储、服务、农业、医疗和防疫等方面也有广泛的应用前景。移动机器人技术逐渐成为衡量国家智能机器人领域先进程度的重要标志之一。近年来，受人口老龄化、劳动力人数减少、疫情等的影响，移动机器人在医疗、仓储、防疫和养老服务等领域应用广泛。移动机器人技术也在朝着精确定位、自动驾驶、自主识别及语音交互等方向发展。

世界技能大赛移动机器人赛项的核心技术是基于 myRIO 控制器的 LabVIEW 编程和应用，通过 myRIO 控制器综合控制各种传感器和电动机，让机器人按规定运行。本书以广州慧谷动力科技有限公司开发的移动机器人底盘为硬件平台，从 LabVIEW 编程软件入手，通过 LabVIEW 编程技术认知项目的介绍，尤其是对世界技能大赛移动机器人赛项相关的一些编程技术的介绍，力求使读者快速掌握 LabVIEW 编程技能；再通过对 myRIO 控制器的学习，使读者掌握其基本功能和应用，尤其是 myRIO 控制器与红外线、超声波、陀螺仪、摄像头、舵机和直流电动机等电气元件的联合应用，掌握各种传感器和电动机的控制原理；最后通过讲解移动机器人技术，介绍移动机器人的机械设计、运动控制和路径规划，从而实现对机器人的综合应用与控制。

本书由上海信息技术学校汪振中任主编。具体编写分工为：汪振中编写项目一、项目二和项目三；广东工业大学周述苍编写项目四；广州慧谷动力科技有限公司林佳鹏编写项目五和项目六；广州慧谷动力科技有限公司肖逸瑞编写项目七；广州机电技师学院陈文科编写项目八。在此特别感谢广州慧谷动力科技有限公司给予的大力支持！

由于编者水平有限，书中难免存在不足之处，恳请各位专家和广大读者批评指正。

编 者

二维码索引

（续）

Contents 目录

项目一
LabVIEW 编程技术认知

通过本项目的学习，学生应了解什么是 LabVIEW 语言，LabVIEW 中的数据类型、数据处理；掌握常用的 LabVIEW 编程结构和编程方法。

任务一　了解 LabVIEW

一、任务概述

在本任务中，学生将初步接触 LabVIEW，了解 LabVIEW 的基本信息与相关基本概念，以及 LabVIEW 中的各种调试方法与报错后的处理方法；通过创建和保存 LabVIEW 项目来熟悉 LabVIEW 的特点。

二、任务要求

1. 了解什么是 LabVIEW。
2. 学习前面板与程序框图的相关知识。
3. 掌握如何通过运行箭头找出语法错误。
4. 了解 LabVIEW 的断点设置与探针调试方法。

三、知识链接

1. LabVIEW 简介

LabVIEW（Laboratory Virtual Instrument Engineering Workbench）是一种程序开发环境，由美国国家仪器（NI）公司研制开发，类似于 C 语言和 BASIC 语言开发环境。LabVIEW 与其他计算机语言的显著区别：其他计算机语言都是采用基于文本的语言产生代码，而 LabVIEW 使用的是图形化编辑语言编写程序，产生的程序是框图的形式。

LabVIEW 软件是 NI 设计平台的核心，也是开发测量或控制系统的理想选择。LabVIEW 开发环境集成了工程师和科学家快速构建各种应用所需的所有工具，旨在帮助工程师和科学家解决问题、提高生产力和不断创新。

LabVIEW 是一种用图标代替文本行创建应用程序的图形化编程语言。传统文本编程语言根据语句和指令的先后顺序决定程序执行顺序，而 LabVIEW 则采用数据流编程方式，程序框图中节点之间的数据流向决定了虚拟仪器（Virtual Instrument，VI）及函数的执行顺序。VI 是 LabVIEW 的程序模块。

LabVIEW 提供了很多外观与传统仪器（如示波器、万用表）类似的控件，可用来方便地创建用户界面。用户界面在 LabVIEW 中被称为前面板。使用图标和连线，可以通过编程对前面板上的对象进行控制。这就是图形化源代码，又称 G 代码。LabVIEW 的图形化源代码在某种程度上类似于流程图，因此又被称为程序框图代码。

2. VI 的组成

编写程序前一般都会创建工程项目，一个工程项目会包含很多不同功能的 VI，VI 就是

LabVIEW 的程序，其扩展名为 . vi。

一般常规编程语言创建的程序是由图形界面窗口（一般称为图形用户界面，即 GUI）和文本编辑窗口组成。VI 的前面板相当于 GUI，程序框图则相当于文本编辑器，如图 1-1 所示。

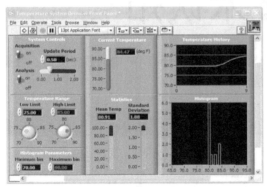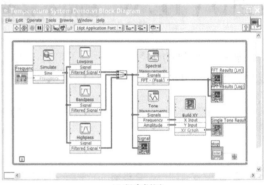

a) 前面板　　　　　　　　　　　　　　　b) 程序框图

图 1-1　VI 的组成

3. VI 的属性

（1）前面板　前面板中需要放置各种控件，是数据输入以及程序运行结果显示的界面，面向的是用户。前面板界面如图 1-2 所示。

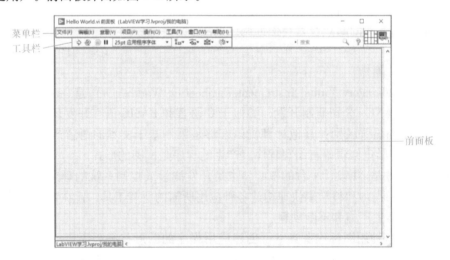

图 1-2　前面板界面

前面板菜单栏的功能见表 1-1。

表 1-1　前面板菜单栏的功能

菜单	功能
文件	新建、打开、删除和保存文件等
编辑	撤销、粘贴和复制等
查看	查看控件选板、探针窗口和错误等
项目	项目的操作：打开、新建、保存和删除等

（续）

菜单	功　　能
操作	运行、单步调试和单步步入等
工具	打开 NI－MAX、拓展管理和环境选择等
窗口	窗口切换操作等
帮助	即时帮助、错误查询和范例查找等

前面板工具栏的功能如图 1-3 所示。

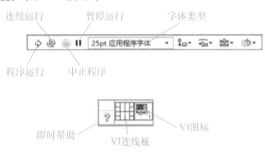

图 1-3　前面板工具栏的功能

操作小技巧

快捷键：运行，＜ Ctrl + R ＞；打开即时帮助，＜ Ctrl + H ＞；窗口切换，＜ Ctrl + E ＞；保存程序，＜ Ctrl + S ＞；新建 VI，＜ Ctrl + N ＞。

在前面板界面中，可以放置控件，用于数据的输入和结果的显示。要打开控件选板（图 1-4），可右击前面板空白处，在弹出的选项框中选择相应的控件。

（2）程序框图　程序框图是程序运行界面，是所有逻辑实现的界面，它面向的是程序员。程序框图如图 1-5 所示。

程序框图工具栏的功能如图 1-6 所示。

操作小技巧

快捷键：运行，＜ Ctrl + R ＞；删除断线，＜ Ctrl + B ＞；窗口切换，＜ Ctrl + E ＞；左右界面显示，＜ Ctrl + T ＞；关闭，＜ Ctrl + W ＞。

图 1-4　控件选板

程序员按逻辑将各种函数组合起来，可实现目标功能。LabVIEW 中有丰富的函数可供选择，具体的功能可通过即时帮助来查询。要打开

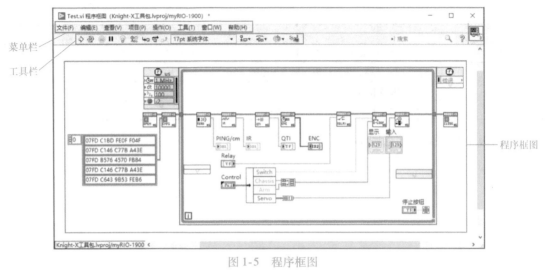

图 1-5　程序框图

图 1-6　程序框图工具栏的功能

函数选板（图1-7），可右击程序框图中的空白处，在弹出的选项框中选择相应的函数。

连线用于在程序框图各对象间传递数据。每根连线都只有一个数据源，但可与多个读取数据的 VI 和函数连接。必须连接所有需要连接的程序框图接线端；如果未连接所有必需的接线端，VI 将处于断开状态而无法运行。

程序框图中的数据连线如图 1-8 所示。

4. 找出语法错误

LabVIEW 能够自动识别程序中存在的基本语法错误，LabVIEW 程序只有在没有基本语法错误的情况下才能运行。如果一个 VI 程序存在语法错误，则面板工具条上的运行按钮将会变成一个折断的箭头，表示程序因存在语法错误而不能运行。单击按钮，系统会弹出错误列表，如图 1-9 所示。

单击错误列表中的某一错误项，会显示有关此错误的详细说明，帮助用户更改错误。选中"显示警告"复选框，可以显示程序中的所有警告。双击错误列表中的某一错误项时，LabVIEW 会自动定位到发生该错误的对象上，并高亮显示该对象，便于用户查找错误。

图 1-7　函数选板

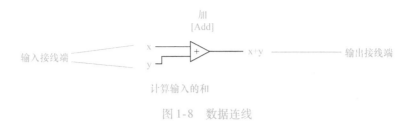

图 1-8　数据连线

图 1-9　错误列表

5. 设置断点和查看探针调试

断点和探针是调试 LabVIEW 代码时最常用的两个工具。LabVIEW 中的断点在使用和功能上都比较简单、直观：使用工具选板上的断点工具，在想要设置或者取消断点的代码处单击即可；或直接在程序框图的节点、数据线上单击鼠标右键，就可以看到设置或取消断点的菜单项。

断点几乎可以设置在程序的任何部分。当程序运行至断点处，就会暂停，等待调试人员的下一步操作。很多其他语言的调试环境都有条件断点，LabVIEW 的断点则没有类似的设置，LabVIEW 是使用条件探针来实现条件断点功能的。

断点会保存在 VI 中。关闭带有断点的 VI，程序执行至断点处还是会停下来，并且这个 VI 会被自动打开。如果某个 VI 不允许设置断点，很可能是因为这个 VI 被设为不允许调试了。此时，只要在 VI 属性中重新设置一下即可。

在需要设置断点的数据线上右击，选择弹出菜单中的"断点"菜单项，使用"设置断点"指令可以在当前位置放置一个断点，如图 1-10 所示。

探针的功能类似于其他语言调试环境中的查看窗口，用于显示变量当前状态下的数据。

LabVIEW 与其他语言的不同之处在于，LabVIEW 是数据流驱动型图形化编程语言。LabVIEW 中的数据传递主要不是使用变量，而是通过节点之间的连线完成的。所以 LabVIEW 的探针也不是针对变量的，而是加在某根数据线上。

在需要设置探针的数据线上右击，选择弹出菜单中的"探针"菜单项，就可以在当前位置放置一个探针。LabVIEW 会自动判断当前位置的数据类型，从而调用不同的探针以显示当前位置的数据。当 VI 的背面板关闭时，该 VI 中所有的探针窗口也会自动关闭。运行 VI，当运行到探针的位置时，将在探针窗口中立即显示当前的值。探针的设置如图 1-11 所示。

图 1-10 设置断点

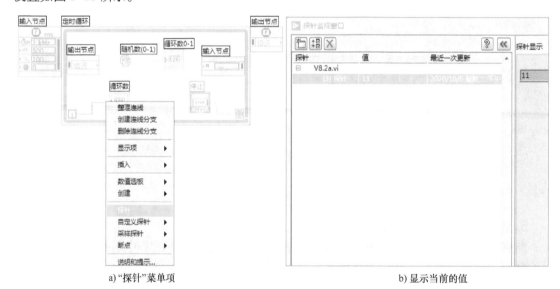

a)"探针"菜单项   b) 显示当前的值

图 1-11 探针设置

为了定位到错误源或者找到某一时刻的运行结果，程序员往往需要配合断点和探针工具，在适当的位置增加断点和加入探针；或者直接设置探针工具，让探针捕获到某一特定的条件时程序暂停运行。

四、任务实施

1）双击 LabVIEW 程序图标，进入 LabVIEW 启动界面，如图 1-12 所示。

2）在菜单栏中选择"文件"→"创建项目"，如图 1-13 所示。

3）选择默认的空白项目，单击"完成"按钮即可创建项目，如图 1-14 所示。

4）在"项目浏览器"窗口的菜单栏中选择"文件"→"保存"，如图 1-15 所示。

5）保存后，项目浏览器如图 1-16 所示。

a) b)

图 1-12　打开 LabVIEW 程序

图 1-13　创建项目

图 1-14　选择空白项目

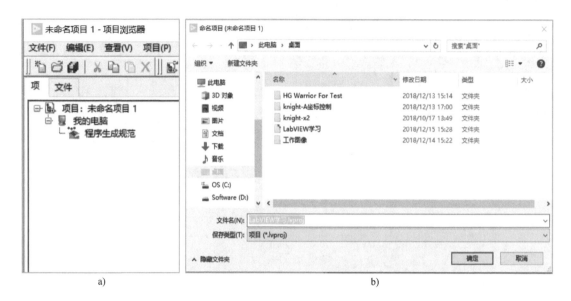

图 1-15　保存项目

a) 项目窗口

b) 项目文件类型

图 1-16　项目浏览器

五、思考练习题

1. LabVIEW 是一种什么样的编程语言？

2. 在 LabVIEW 中，前面板和程序框图有什么区别？分别有什么功能？

3. 什么情况下 LabVIEW 程序的运行按钮会变成断开状态？

4. 断点和探针的功能分别是什么？

任务二 认识和使用 LabVIEW 数据

认识和使用
LabVIEW 数据

一、任务概述

本任务将对 LabVIEW 中常用的数据类型进行概括性介绍，并对 LabVIEW 中数据的传递途径进行介绍，使学生大致认识常用的数据类型和数据流；对数值型数据、布尔型数据、字符串型数据、数组型数据等进行深入讲解，通过一个计算器设计，使学生掌握这些数据的应用方法。

二、任务要求

1. 了解 LabVIEW 常用的数据类型。
2. 了解 LabVIEW 的数据流知识。
3. 掌握各类数据控件与函数的创建和使用。

三、知识链接

1. 数据的分类

LabVIEW 的数据类型包括基本型和复合型，基本型又分为数值型、布尔型和字符串型等；复合型又分为数组型、枚举型、簇型和波形型等，如图 1-17 所示。

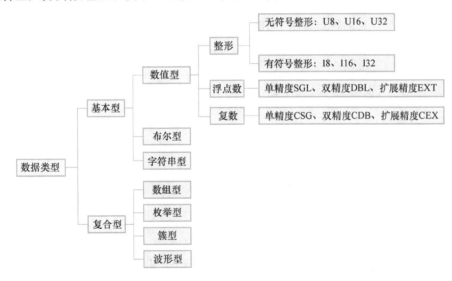

图 1-17 LabVIEW 数据的分类

LabVIEW 中数据类型的样式见表 1-2。

（1）数据流 传统文本编程语言根据指令的先后顺序决定应用程序的执行顺序；LabVIEW 则按照"数据流"的模式运行 VI，当所有的输入端都拥有了必要的输入数据时，程序框图节点将执行。

（2）数据流的特点

1）同一节点的数据是同时被执行的。

2）流动的次序不受其他数据影响。

3）仅当所有输入数据都准备好时，节点才能执行。

表1-2 数据类型的样式

分类	数值型	布尔型	字符串型	簇型	数组型	波形图表	波形图
常量							
程序框图							
前面板							

程序框图中数据执行的特点如图1-18所示。

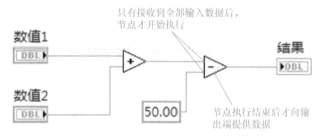

图1-18 程序框图中数据执行的特点

（3）数据连线

1）LabVIEW通过数据连线传递数据。

2）相同数据类型的接线端才能进行连线，否则会出现断线，断开的连线显示为 ----▶✗◀----。

3）不同数据类型的连线有不同的颜色、粗细和样式。

各数据连线见表1-3。

表1-3 各数据连线

类型	浮点型	整型	字符串	布尔
元素				
一维数组				
二维数组				

（4）输入输出转换 对于同类型的数据，数值的输入控件和显示控件之间的转换、元素与数组之间的转换可通过简单的操作来实现，免于在各种界面间切换。具体步骤如下：

1）选中对象。

2）单击鼠标右键，选择转换目标，如图 1-19 所示。

2. 数值型数据

数值型数据是 LabVIEW 语言中的一种基本数据类型，又可以分为整型、浮点型和复数型三种类型。

（1）数值类型 数值型数据的详细分类、图标、存储占位和数值范围信息见表 1-4。

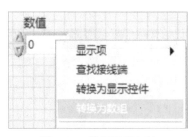

图 1-19　数据类型切换

表 1-4　数值型数据类型表

数值类型	图标	存储占位	数值范围
有符号 64 位整数	I64	64	$-2^{63} \sim 2^{63} - 1$
有符号 32 位整数	I32	32	$-2^{31} \sim 2^{31} - 1$
有符号 16 位整数	I16	16	$-2^{15} \sim 2^{15} - 1$ （$-32768 \sim 32767$）
有符号 8 位整数	I8	8	$-2^{7} \sim 2^{7} - 1$ （$-128 \sim 127$）
无符号 64 位整数	U64	64	$0 \sim 2^{64} - 1$
无符号 32 位整数	U32	32	$0 \sim 2^{32} - 1$
无符号 16 位整数	U16	16	$0 \sim 2^{16} - 1$ （$0 \sim 65535$）
无符号 8 位整数	U8	8	$0 \sim 2^{8} - 1$ （$0 \sim 255$）

（续）

数值类型	图标	存储占位	数值范围
扩展精度浮点型	EXT	128	近似 最小正数：6.48e－4966 最大正数：1.19e＋4932 最小负数：－4.94e－4966 最大负数：－1.19e＋4932
双精度浮点型	DBL	64	近似 最小正数：4.94e－324 最大正数：1.79e＋308 最小负数：－4.94e－324 最大负数：－1.79e＋308
单精度浮点型	SGL	32	近似 最小正数：1.40e－45 最大正数：3.40e＋38 最小负数：－1.40e－45 最大负数：－3.40e＋38

（2）数值控件　数值控件分成两种：数值输入控件和数值显示控件，如图 1-20 所示。数值控件属性可通过属性框进行浏览，选中数值控件后单击鼠标右键，选择"属性"，调出属性框，单击相应属性即可，同时可在属性框中进行相应的修改。

图 1-20　数值控件

新建数值输入控件默认为双精度浮点型，若需更改为其他表示法，可用以下两种方法：

1）选中控件→单击鼠标右键→选择表示法。

2）选中控件→单击鼠标右键→属性→数据类型→单击并选择表示法→确定。
数值型数据类型切换如图 1-21 所示。

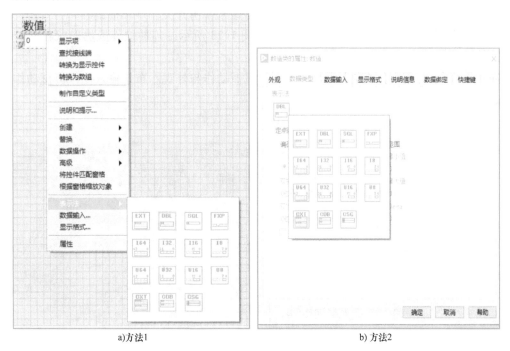

a)方法1   b) 方法2

图 1-21 数值型数据类型切换

（3）数值运算 数值运算函数是指通过已知量的组合运算，获得新值的函数。程序面板中的数值运算函数如图 1-22 所示。

图 1-22 数值运算函数

3. 布尔型数据

布尔控件用于输入或显示布尔值（TRUE 真/FALSE 假），表示仅具有两种状态的数据，如真和假、开和关、亮和灭。因此，布尔控件常用来模仿开关、灯和按钮等。

（1）布尔控件　布尔控件的类型很多，如图 1-23 所示。各种控件虽然形状各异，但其输入或输出只有两种状态。

布尔控件的常用属性修改主要有两方面：机械动作与外观。布尔输入控件机械动作可以修改，如图 1-24 所示。

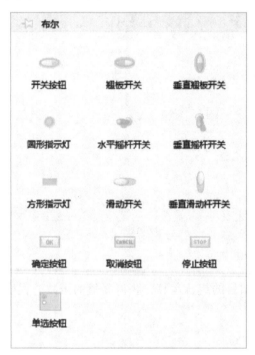

图 1-23　布尔控件

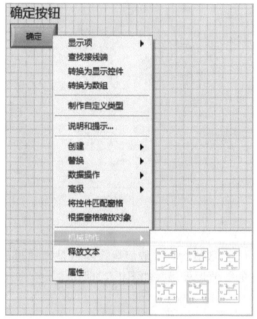

图 1-24　布尔输入控件机械动作修改

布尔输入控件机械动作功能见表 1-5。

表 1-5　布尔输入控件机械动作功能

机械动作	解释	图标
单击时转换	单击时立即改变控件当前值且保留新值，直至下一次单击控件	
释放时转换	释放鼠标按钮时改变控件当前值且保留新值，直至下一次单击控件	
保持转换直至释放	只在单击鼠标并保持鼠标按键按下期间改变当前值并保持新值，释放鼠标按键后将恢复原值	

（续）

机械动作	解释	图标
单击时触发	单击时立即改变控件当前值，且在 VI 读取该控件新值后恢复原值	
释放时触发	释放鼠标按键时改变控件当前值，且在 VI 读取该控件新值后恢复原值	
保持触发直至释放	只在单击鼠标并保持鼠标按键按下期间改变当前值并保持新值，释放鼠标按键且 VI 读取控件值后将恢复原值	

（2）布尔运算　布尔运算主要就是逻辑运算，主要有与、或、非、与非、或非、同或和异或等。程序面板中的布尔运算函数如图 1-25 所示。

图 1-25　布尔运算函数

部分布尔逻辑关系的含义见表 1-6。

表 1-6　部分布尔逻辑关系的含义

逻辑函数	逻辑解释
与	两个元素同为 TRUE，输出为 TRUE
或	只要有一个元素为 TRUE，输出为 TRUE
非	取反
与非	两个元素同为 TRUE，输出为 FALSE

（续）

逻辑函数	逻辑解释
或非	只要有一个元素为 TRUE，输出为 FALSE
同或	两个元素相同，输出为 TRUE
异或	两个元素不相同，输出为 TRUE
数组元素与操作	如果布尔数组中的所有元素为 TRUE，或布尔数组为空，则返回 TRUE；否则，函数返回 FALSE
数组元素或操作	如果布尔数组中的所有元素为 FALSE，或布尔数组为空，则返回 FALSE；否则，函数返回 TRUE

4. 字符串型数据

字符串是一组 ASCII 字符。在前面板上，字符串以表格、文本输入框和标签的形式出现。

（1）字符串控件 字符串控件主要有输入控件和显示控件。字符串控件如图 1-26 所示。

字符串控件属性可修改的部分相对较少，修改较多的主要是字符串控件的显示样式。字符串显示样式如图 1-27 所示。

图 1-26 字符串控件

图 1-27 字符串显示样式

（2）字符串操作 常用的字符串操作如下：

1）创建简单的文本信息。

2）用对话框指示或提示用户。

3）发送文本命令至仪器，以 ASCII 或二进制字符串的形式返回数据，从而控制仪器。

常见的字符串操作函数如图 1-28 所示。

图 1-28　常见的字符串操作函数

常见字符串操作函数的功能见表 1-7。

表 1-7　常见字符串操作函数的功能

名称	函数	功能
字符串长度	字符串 —— 长度	测量字符串的长度
连接字符串	字符串0 字符串1 … 字符串n-1　　连接的字符串	连接输入字符串和一维字符串数组作为输出字符串。对于数组输入，该函数连接数组中的每个元素

（续）

名称	函数	功能
截取字符串	字符串 偏移量(0) 长度(剩余) ———→ 子字符串	返回输入字符串的子字符串，从偏移量位置开始，包含长度个字符
替换子字符串	字符串 子字符串(**) 偏移量(0) 长度(子字符串长度) ———→ 结果字符串 / 替换字符串	插入、删除或替换子字符串，偏移量在字符串中指定
搜索替换字符串	多行?<B><B>(F)</B></B> 忽略大小写?(F) 替换全部?(F) 输入字符串 搜索字符串 替换字符串(**) 偏移量(0) 错误输入(无错误) ———→ 结果字符串 / 替换数量 / 替换后偏移量 / 错误输出	使子字符串替换为另一子字符串

5. 数组型数据

数组是具有相同类型的数据元素的集合，可以是数值型、字符型、布尔型、簇型和枚举型等数据，但是不能是数组型数据。数组可以是一维或多维的。在内存允许的情况下，每个维度最多包含 $2^{31}-1$ 个元素。

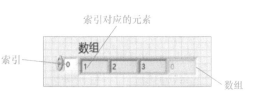

图 1-29　数组索引

用于区分数组中各个元素的数字编号称为索引，通过索引可以访问元素。LabVIEW 元素索引编号从 0 开始，如图 1-29 所示。

（1）数组控件的创建

1）在前面板的控件选板中选择"数组"控件。

2）放置一个数据对象（如数值控件）至数组框内。

3）在需要的情况下，可调整索引的大小和添加维度。

创建数组控件的过程如图 1-30 所示。

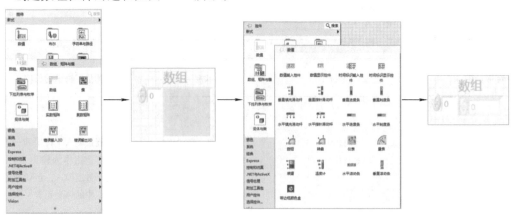

图 1-30　创建数组控件的过程

（2）数组常量的创建

1）在程序框图的函数选板中选择数组常量。

2）放置常量（如数值常量）至数组外框。

3）在需要的情况下，可调整索引的大小和添加维度。

创建数组常量的过程如图 1-31 所示。

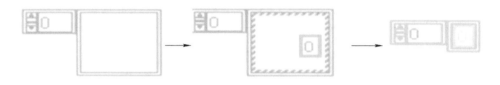

图 1-31　创建数组常量的过程

（3）数组函数　数组函数是对数组进行创建和相关操作的函数。在程序面板中，基本的数组函数如图 1-32 所示。

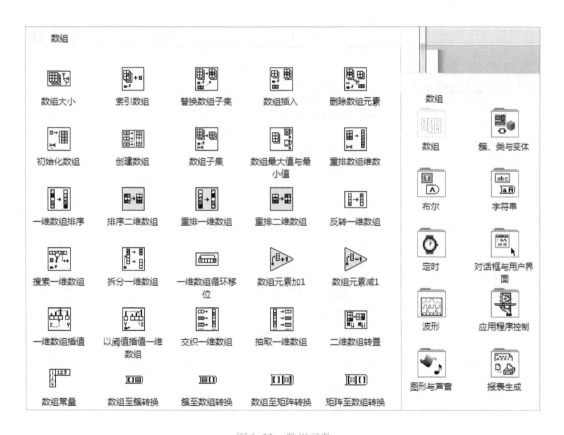

图 1-32　数组函数

常见数组函数的功能见表 1-8。

表 1-8　常见数组函数功能表

函数	作用	程序	结果
数组大小 数组 ——▦—— 大小	返回数组每个维度中元素的个数		
索引数组 n 维数组 索引0 ——▦—— 元素或子数组 索引n-1	返回 n 维数组在索引位置的元素或子数组		
替换数组子集 n 维数组 索引0 … 索引n-1 新元素/子数组 ——▦—— 输出数组	从索引中指定的位置开始替换数组中的某个元素或子数组		
数组插入 n 维数组 索引0 … 索引n-1 n 或 n-1 维数组 ——▦—— 输出数组	从指定位置插入元素或数组		
删除数组元素 n 维数组 长度(1) 索引0(最后一个元素) ——▦—— 已删除元素的数组子集 索引n-1 已删除的部分	在 n 维数组的索引位置开始删除一个元素或指定长度的子数组		

（续）

函数	作用	程序	结果
初始化数组 元素 维数大小0 … 维数大小$n-1$ → 初始化的数组	生成并按照设定的值来初始化数组		
创建数组 数组 元素 → 添加的数组 元素 元素	连接多个数组或向 n 维数组添加元素		
数组子集 n维数组 索引0(0) 长度0(剩余) → 子数组 索引$n-1$(0) 长度$n-1$(剩余)	返回数组的一部分，从索引处开始，包含长度个元素		
数组最大值与最小值 数组 → 最大值 最大索引 最小值 最小索引	返回数组中的最大值、最小值及对应索引		
搜索一维数组 一维数组 元素 → 元素索引 开始索引(0)	在一维数组中从开始索引处开始搜索元素。找到元素后，LabVIEW 可立即停止搜索并输出索引；若没有找到，则输出 −1		

6. 簇型数据

簇控件在 LabVIEW 中的作用类似于 C 语言中的结构体变量。它能包含任意数目、任意类型的元素，甚至包括数组和簇。簇可以同时包含多种不同类型的元素，而且簇中元素控件的位置可以随意独立地通过拖动来改变。因此，很多情况下用簇来排版界面，而用数组来编程，这样会使程序非常简洁漂亮。簇的使用如图 1-33 所示。

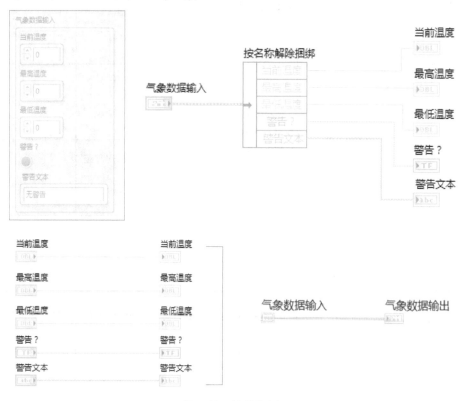

图 1-33　簇的使用

通过对簇的使用，在程序框图中可以用一条数据线连接多个节点，也可以减少连接板上接口的数量，大大简化了编程界面。

（1）错误簇　错误输入和错误输出簇用于在 VI 中传递错误信息。在多数情况下，簇元素源中标识了错误发生的位置。如果在错误输入中发现了错误，VI 将在错误输出中返回错误信息，并停止运行。默认状态下，LabVIEW 将通过挂起执行、高亮显示出错的子 VI 或函数并显示错误对话框的方式，自动处理每个错误。LabVIEW 使用错误簇返回错误信息。

错误簇包含下列元素：

1）状态：布尔值，产生错误时布尔值为真。

2）代码：标识错误的 32 位有符号整数。

3）源：标识错误发生位置的字符串。

错误簇元素如图 1-34 所示。

（2）簇控件的创建

1）右击前面板，显示控件选板。在控件选板上，浏览"新式"→"数组、矩阵与簇"，

图 1-34　错误簇元素

并将簇拖曳至前面板，如图 1-35a、b 所示。

2）在控件选板上，选择相应的控件拖曳并放置，如图 1-35b 所示。

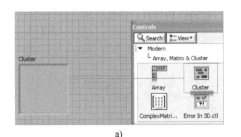

a)

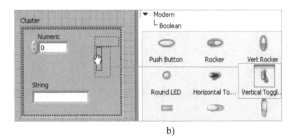

b)

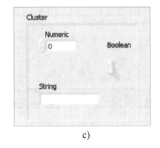

c)

图 1-35　簇控件的创建过程

这样，通过一根连线就可以将不同类型的控件在程序框图中进行连线，而无需多根单独的连线。

与数组常量相似，簇常量可用于存储常量数据或用作与其他簇进行比较。创建簇常量的步骤与前面所述创建数组常量的步骤相同。

簇元素是有顺序的，簇元素包含一个与其在簇中位置无关的逻辑顺序。簇中放置的第一个对象是元素 0，第二个对象是元素 1，依此类推。所以在簇创建过程中要注意，元素添加顺序。

（3）簇与数组的比较　簇与数组都可以对控件进行整合，但它们有很大不同，见表 1-9。

表 1-9　簇与数组的比较

簇	数组
运行时簇具有固定大小	数组大小可变
簇可包含不同的数据类型	数组仅包含一种数据类型
簇可以是输入控件、显示控件或常量	数组可以是输入控件、显示控件或常量

（4）簇函数　常见的簇函数如图1-36所示。这里主要介绍按名称解除捆绑、按名称捆绑、解除捆绑和捆绑四个簇函数，它们的作用和使用方法见表1-10。

图 1-36　常见的簇函数

表 1-10　四种簇函数的作用和使用方法

函数	作用	程序	结果
按名称解除捆绑	返回指定名称的簇元素		
按名称捆绑	替换一个或多个簇元素。该函数依据名称，而非簇中元素的位置引用簇元素		

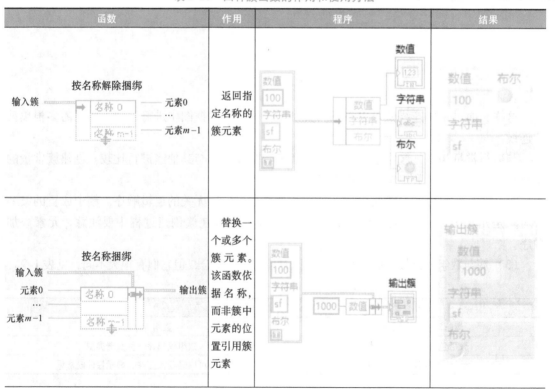

（续）

函数	作用	程序	结果
解除捆绑 簇 —— 元素0 元素1 … 元素n−1	使簇分解为独立的元素	数值 字符串 布尔	数值　布尔 100 字符串 sf
捆绑 簇 元素0 元素1 … 元素n−1 —— 输出簇	将独立的元素捆绑成簇	数值 字符串 布尔　1000　输出簇	输出簇 数值 1000 字符串 sf 布尔

（5）簇顺序　删除元素时，顺序会自动调整。簇顺序决定了元素出现在程序框图上捆绑和解除捆绑函数接线端的顺序。右键单击簇边界，从快捷菜单中选择重新排序簇中控件，可查看和修改簇顺序。

每个元素上的白色小框显示了当前该元素在簇中的顺序，黑色小框表示元素新的顺序。要设置簇元素的顺序，可单击"设置"文本框中新的顺序编号并单击该元素。某元素的簇顺序发生改变后，其他元素的簇顺序会自动调整。单击工具栏上的"确认"按钮，可保存修改；单击"取消"按钮，可回到原始顺序，如图 1-37 所示，簇顺序修改后单击"√"按钮确认。

7. 簇数组

（1）创建簇数组　创建簇数组函数  位于函数选板→函

数→编程→簇、类与变体→创建簇数组。创建簇数组（函数）将每个元素输入捆绑为簇，然后使所有元素簇组成以簇为元素的数组。连线板将显示该多态函数的默认数据类型。所有输入端元素 0 ~ 元素 n−1 的数据类型要一致。簇数组（接线端）是作为结果的数组。每个簇都有一个元素，当有多个簇元素需要生成簇数组的时候，需要选中"创建簇数组"函数，下拉或者右击"属性"，选择"添加输入"或"删除输入"；数组中不能再创建数组的数组。但是，使用该函数可创建以簇为元素的数组，簇可包含数组。图 1-38 所示为创建簇数组函数的简单应用。

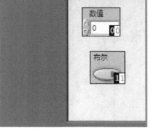

图 1-37　修改簇元素顺序　　　　　　　　　　　　图 1-38　创建簇数组

（2）索引与捆绑簇数组　索引与捆绑簇数组函数  位于函数选板→函数→编程→簇、类与变体→索引与捆绑簇数组。索引与捆绑簇数组（函数）可对多个数组建立索引，并创建簇数组，第 i 个元素包含每个输入数组的第 i 个元素。连线板可显示该多态函数的默认数据类型。数组 $x\cdots z$（接线端）可以是任意类型的一维数组，数组输入无须为同一类型。簇数组（接线端）是由簇组成的数组，包含每个输入数组的元素。输出数组中的元素数等于最短输入数组的元素数。索引与捆绑簇数组默认输入接线端只有一个元素输入，当有多个数组元素需要生成簇数组时，需要选中"索引与捆绑簇数组"函数，下拉或者右击"属性"选择"添加输入"或"删除输入"。图 1-39 所示为索引与捆绑簇数组函数的简单应用。

图 1-39　索引与捆绑簇数组

（3）数组至簇转换　数组至簇转换函数 位于函数选板→函数→编程→簇、类与变体→数组至簇转换。数组至簇转换（函数）是将一维数组转换为与数组元素类型相同的簇元素。右键单击函数，在快捷菜单中选择簇大小，设置簇中元素的数量，默认值为9，该函数最大的簇可包含256个元素。当需要在前面板簇显示控件中显示相同类型的元素，且在程序框图上按照元素的索引值对元素进行操作时，可使用该函数。数组（接线端）是任意类型的一维数组。簇（接线端）中每个元素与数组中的对应元素相同，簇的阶数与数组元素的阶数一致。图 1-40 所示为数组至簇转换函数的简单应用。

（4）簇至数组转换　簇至数组转换函数 位于函数选板→函数→编程→簇、类与变体→簇至数组转换。簇至数组转换（函数）使相同数据类型元素组成的簇转换为数据类型相同的一维数组。簇的组成元素不能是数组。数组中的元素与簇中的元素数据类型相同，数组中的元素与簇中的元素顺序一致。簇（接线端）的组成元素不能是数组

（因为数组中的元素不能再是数组）；数组（接线端）的数组中的元素与簇中的元素数据类型相同，数组中的元素与簇中的元素顺序一致，图 1-41 所示为簇至数组转换函数的简单应用。

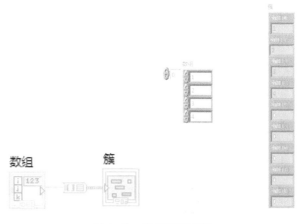

图 1-40　数组至簇转换

四、任务实施

1）新建 A、B、C 数值输入控件，计算 A + B − C 的结果。

编程思路：先在程序面板上创建三个数值输入控件，标签分别改成 A、B、C；再创建一个数值显示控件，标签改成结果，然后按图 1-42 所示编写程序面板。

图 1-41　簇至数组转换

2）计算 8 与 9 的值，8 或 9 的值，250 非的值。

编程思路：先在程序面板上创建两个数值输入控件，标签分别改成 A、B，再创建一个数值显示控件，标签改成结果，然后按图 1-43 所示编写程序面板。

3）连接"LabVIEW"与"学习"两个字符串，并测量结果字符串的长度。

编程思路：连接"LabVIEW"与"学习"用连接字符串函数，测量字符串长度用字符串长度函数。程序图如图 1-44 所示。

图 1-42　计算 A + B − C 程序框图

a) 与　　　　　　　　b) 或　　　　　　　　c) 非

图 1-43　计算与、或、非的值

图1-44 连接字符串并测量长度

4）新建一维数组 `0 0 3 4 5 0`，依次索引并输出数值，判断输出数值元素的奇偶性，将元素数值、所在位置与奇偶性捆绑成簇，输出一个簇数组。

编程思路：用FOR循环，通过奇偶判断，把结果捆绑输出给簇，程序如图1-45所示。

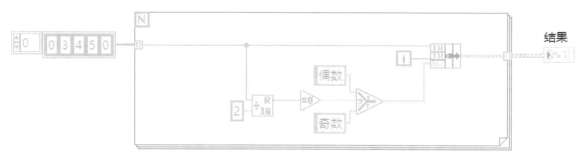

图1-45 捆绑成簇程序框图

五、 思考练习题

1. LabVIEW数据类型中属于基本型的有哪些？属于复合型的有哪些？

2. LabVIEW数据流有哪些特点？

3. 数值型数据可以分为哪几种类型？

4. 使用数值控件及函数实现如下公式：$y = (a + b)^2 + a/c - c^2$（$a$、$b$、$c$ 由输入控件输入，y 是结果输出）

5. 布尔控件修改机械动作有什么用途？

6. 有 A、B、C 三个人，当有两个或两个以上的人同意时，表决通过（用"Y"表示）。试用逻辑函数写出这个表决器。

7. 字符串型数据在前面板上以什么形式出现？

8. 编程：新建输入控件 A、B、C，计算 A + B - C 并判断结果是奇数还是偶数，并以字符串形式表示。提示：要判断某个数是奇数还是偶数，可以用这个数除以2求余数，余数为0是偶数，余数不为0是奇数。

9. 一维数组与二维数组有什么联系？有什么区别？

10. 创建 a、b 两个数组，元素分别为1、2、3和4、5、6，让 a 和 b 数组索引相同的元素相乘，得到对应的数组 c，使用 a、c、b 三个数组依次组合生成一个3×3的数组。

11. 按名称解除捆绑与接触捆绑两个函数的特点分别是什么？

任务三　认识和使用 LabVIEW 程序运行结构

一、任务概述

本任务着重介绍 LabVIEW 中常用的程序结构，包括循环结构、条件结构和顺序结构等。

LabVIEW软件基础-基本结构介绍

二、任务要求

1. 掌握 While 循环和 For 循环的结构与使用方法。

2. 掌握条件结构的使用方法。

3. 了解顺序结构与事件结构的使用方法。

三、知识链接

在 LabVIEW 函数选板中专门有一个结构选板，上面提供了常用的程序流程控制结构，如图 1-46 所示。LabVIEW 中的结构与一般编程语言中控制流程的结构有很大的不同。

图 1-46　结构选板

1. 循环结构

循环结构是程序中需要反复执行某个功能而设置的一种程序结构。常用的循环结构有 For 循环和 While 循环，如图 1-47 所示。

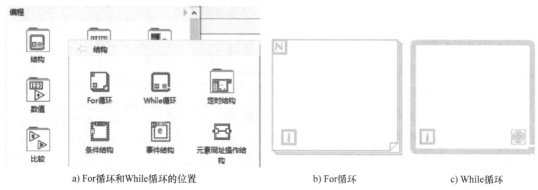

a) For循环和While循环的位置　　　　b) For循环　　　　c) While循环

图 1-47　For 循环和 While 循环

LabVIEW 中 For 循环的最大特点是循环的次数是可以给定的。创建方法：右键单击程序框图→函数→编程→结构→For 循环。创建过程如图 1-48 所示。

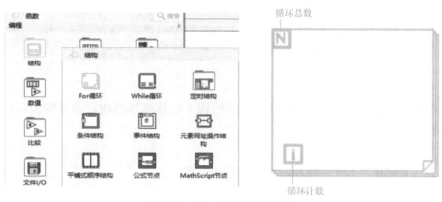

图 1-48 For 循环的创建过程

For 循环的循环计数端子是只读的，因此只能读出当前循环的次数，而无法改变它。每次循环结束后，循环计数 i 从 0 开始自动执行 +1 操作。

For 循环结构停止循环的条件有两种：第一种是控制循环次数；第二种是给 For 循环结构添加一个条件接线端，以便在特定条件下可以停止循环。条件接线端的添加方法：选中循环结构边框→右键单击"条件接线端"→补充循环条件，如图 1-49 所示。

图 1-49 For 循环的停止条件

条件接线端的属性也可以修改成条件成立时停止，或者条件不成立时停止，如图 1-50 所示。

For 循环最重要的功能是处理数组数据。将数组数据输入循环中有两种方式：自动索引模式以及禁用索引模式。自动索引模式会循环自动索引元素或者元素子集，并将其输入循环结构中；禁用索引模式会将全部数据输入循环结构中。For 循环连接数组时，默认开启索引，并自动确定循环次数为数组长度。不同长度的数组处于开启索引状态时，For 循环会根据数组长度和 N 的设定值，取其中最小的数作为循环总数，如图 1-51 所示。

图 1-50 For 循环的停止条件选项

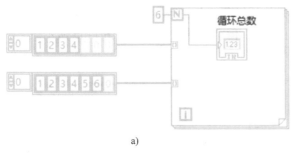

a)   b)

图 1-51 For 循环的循环总数

For 循环的输出数据类型是由输出端选择的隧道模式决定的，如图 1-52 所示。

图 1-52 For 循环的输出模式

LabVIEW 的数据包含在控件中。在结构中，隧道也可以存储数据。为申请一段内存空间保存循环中运行的结果，供下次循环调用，LabVIEW 引入了一个重要概念：移位寄存器。移位寄存器依附于循环结构，是数据的容器，可以用来存储 LabVIEW 支持的任何数据类型。

添加移位寄存器后，在循环结构左右两侧的平行位置将各增加一个包含三角形的方框。左侧的方框代表上一次循环的运行结果，而右侧的方框代表本次循环要输入的结果。未初始化的移位寄存器将保存其上一次被调用的结果，还未曾调用的则保存对应数据类型的默认值，见表 1-11。

表 1-11 移位寄存器的初始化

	程序框图	第一次运行	第二次运行
未初始化		输出 6	输出 12
已初始化		输出 7	输出 7

While 循环与 For 循环类似，都是执行循环任务；但不同的是，While 循环的循环总数不固定，只有在满足某个条件时才停止循环，但至少循环一次，如图 1-53 所示。

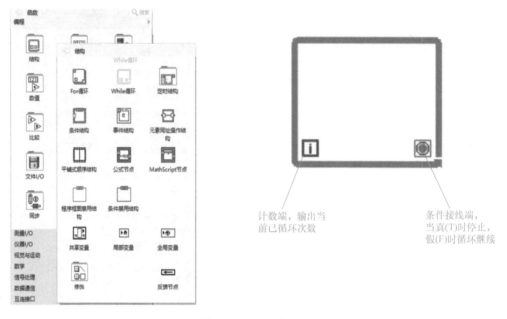

图 1-53　While 循环

2. 反馈节点

反馈节点的功能类似于移位寄存器，但它可以避免连线过长，相对更加易读。

移位寄存器和反馈节点都存在初始化的问题，使用时应注意初始化。它们的区别十分明显：反馈节点可以脱离循环独立存在，而移位寄存器则必须依靠循环结构出现。在循环内，移位寄存器和反馈节点可以通过快捷菜单相互转换，如图 1-54 所示。

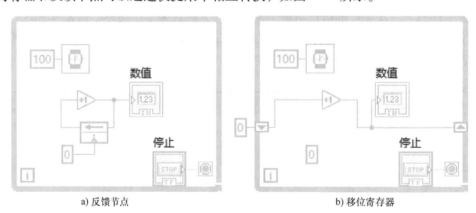

a) 反馈节点　　　　　　　　　　b) 移位寄存器

图 1-54　反馈节点和移位寄存器

反馈节点有三个接线端，箭头方向是反馈输出，反向是反馈输入，箭头底下是初始化输入端，所以实际运用时要注意反馈方向，如图 1-55 所示。

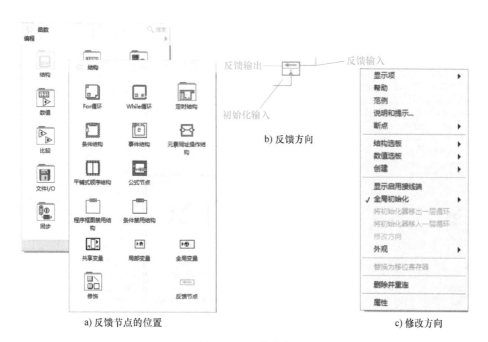

a) 反馈节点的位置　　　　　　　　　　　　c) 修改方向

图 1-55　反馈节点

3. 子 VI

如果在 LabVIEW 中不使用子 VI，如同所有的代码都写在 main 函数中一样，不可能构建大的程序；而且程序框图太大，布局不方便。因此在很多情况下，需要把程序分割为一个个小的模块来实现，这些小的模块就是子 VI。

任何一个 VI 本身可以作为子 VI 被其他 VI 调用，只需在普通 VI 的基础上定义连接端子和图标即可。下面通过一个简单的例子来介绍如何创建子 VI。

1）新建一个空白 VI。编写程序框图来实现返回两个输入数据中的最小值，如图 1-56 所示。

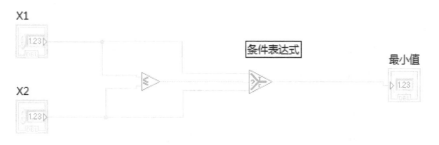

图 1-56　新建求最小值的 VI

2）编辑 VI 图标。双击 VI 右上角的图标，打开 VI 图标编辑器，对 VI 图标进行编辑，如图 1-57 所示。

编辑 VI 图标是为了便于在主 VI 的程序框图中辨别子 VI 的功能。因此，编辑子 VI 图标的原则是尽量通过该图标就能表明该子 VI 的用途。

3）建立连接端子。连接端子类似于函数的参数，用于子 VI 的数据输入与输出。初始

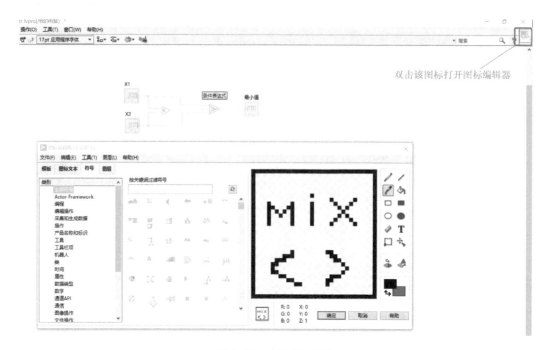

图 1-57　编辑 VI 图标

情况下，连接端子没有与任何控件连接，即所有端子都是空白的 <!-- grid icon -->，每个小方格代表一个端子。右键单击该图标，选择"模式"下的三端子模式 <!-- icon -->；先单击左上角小方格，再单击输入控件 X1，即可实现该端子与控件 X1 的连接。这时，该小方格会自动更新为该控件所代表的数据类型的颜色。按同样方法，将左下角的小方格与控件 X2 连接，右边方格与显示控件 Min 连接。

4）保存 VI。该 VI 名为 Min. vi，保存该 VI 后，即可在其他 VI 中调用该子 VI。新建一个 VI，在函数面板的"选择 VI"中实现对该子 VI 的调用，如图 1-58 所示。

4. 条件结构

条件结构是一种比较常用的结构，其特点与常规编程语言有很大的不同，具体如下：

1）只有一种条件结构，即条件分支结构。

2）可以接收多种不同类型的条件输入，如布尔、数值、枚举、字符串和错误簇等。

3）必须有默认条件分支。

4）数据输出隧道必须全部连接，不允许出现中断的数据流。

5）数据通道可以更改和设置数据类型。

条件结构的基本结构由如下两部分组成（图 1-59）：

1）条件选择器：输入可以是布尔、整型数值、枚举、字符串、错误簇等。

2）选择器标签：用文本的形式表示当前分支的条件。

操作条件分支的方法：右键单击条件选择器→进行对应操作（删除、添加和设置默认等）。例如，添加分支时，右键单击条件选择器，选择在前面或者后面添加分支（在前面或者后面添加分支并不影响执行次序）。若需要修改条件标签，直接修改即可，但条件标签必

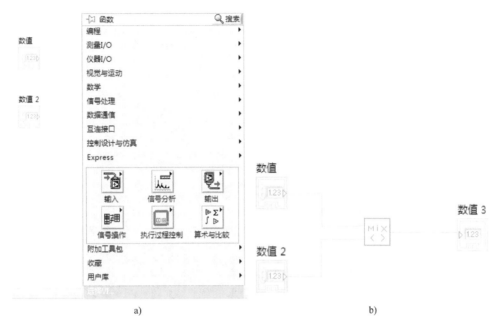

图 1-58 调用子 VI

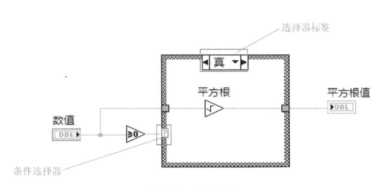

图 1-59 条件结构

须是唯一的，否则编译无法通过，如图 1-60 所示。

5. 平铺式顺序结构

LabVIEW 的运行结构是多线程并行的结构，如图 1-61 所示。

程序中加减节点的运行次序是无法确定的，因为其本身是多线程并行的，两个节点的运行相互之间无依赖关系。

在 LabVIEW 中，通常有两种方式控制运行次序：一种是自然的数据流关系，另一种是顺序结构。

平铺式顺序结构是顺序结构中的一种，其特点是顺序结构是由多个帧组成的结构，按照帧的先后顺序执行，如图 1-62 所示。

图 1-60　条件结构的操作面板　　　　　图 1-61　并行结构程序

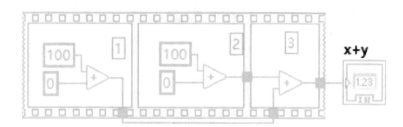

图 1-62　平铺式顺序结构

左边的程序中只有在执行完 1、2 后才执行，1 和 2 都执行完，才执行 3。

平铺式顺序结构的创建方法：右键单击程序框图空白处→结构→平铺式顺序结构→放置→右键单击左/右边框→单击"在前面/后面添加帧"，如图 1-63 所示。

平铺式顺序结构的一个经典应用是程序运行时间计时器，把需要测试的代码放入其中，可得出程序运行的总时间，如图 1-64 所示。

6. 状态机架构

在 LabVIEW 高级编程技巧中，基于状态机的架构是一种常用的程序框架结构，也是一种通用的设计模式。

在状态机程序架构中包含了有限个运行状态，这些运行状态可通过一定的条件进行组合反复执行，或者在状态之间进行任意切换执行。

状态机由事件结构、条件结构和一个 While 循环组成。

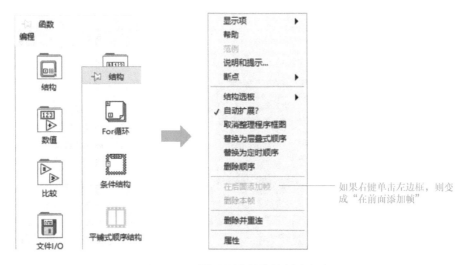

图 1-63　平铺式顺序结构的创建方法

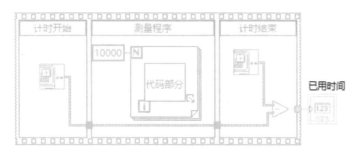

图 1-64　计时程序

1）外层是一个 While 循环，用于维持状态机的运行。

2）在 While 循环中包含一个条件结构，用于对各种不同的状态进行判断。

3）第三个基本部分是移位寄存器，用于将下一个状态机传递到下一次循环状态的判断中。

另外，在一个完整的状态机中，一般还会提供初始状态、每一个状态的执行步骤以及下一个状态的切换代码等。

下面通过一个例子，基于 While 循环、条件结构、事件结构及移位寄存器等基本编程知识点，介绍在 LabVIEW 中实现状态机程序架构的方法。

要求：前面板上有三个按钮，即"事件 1""事件 2"和"退出"按钮。单击"事件 1"按钮，弹出"按钮 1 已点击"对话框；单击"事件 2"按钮，弹出"按钮 2 已点击"对话框；单击"退出"按钮，结束程序运行。

1）新建 VI，在前面板上添加按钮，如图 1-65 所示。

2）进入程序面板，将按钮的"显示为图标"去除勾选，如图 1-66 所示。

3）在程序面板上添加 While 循环、条件结构和事件结构，如图 1-67 所示。

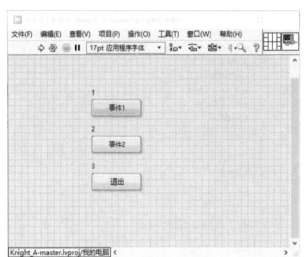

图 1-65　添加按钮　　　　　　　　　　　　　　图 1-66　切换显示图标

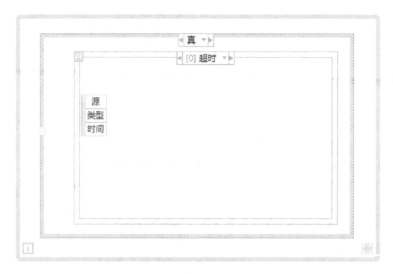

图 1-67　添加 While 循环、条件结构和事件结构

4）创建枚举型常量（函数路径：编程→数值→枚举型常量），如图 1-68 所示。在状态机中，一般会在枚举型常量里添加一个元素，目的是实现事件的监听。

5）将创建好的枚举型常量连接到条件结构的选择器接线端，如图 1-69 所示。

6）在条件结构上单击右键，选择"为每个值添加分支"（当值与分支一一对应时，不会出现此选项），如图 1-70 所示。

7）右键单击枚举型变量与 While 循环的交点，单击"替换为移位寄存器"，如图 1-71 所示。

图 1-68　创建枚举型常量

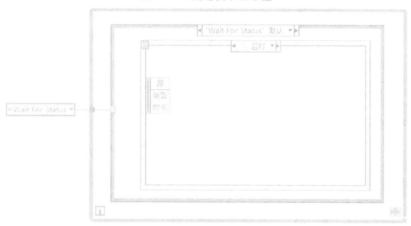

图 1-69　枚举型常量的连接

图 1-70　添加分支

8）右键单击事件结构，选择"添加事件分支"，如图1-72所示。

图1-71　替换为移位寄存器　　　　　　　　图1-72　添加事件分支

9）对相应按钮添加事件分支，如图1-73所示。

图1-73　对相应按钮添加事件分支

10）添加分支引导。选中添加的枚举型变量，按住<Ctrl>键，使用鼠标拖动到对应的事件分支中，并将其连线到右边的移位寄存器上，如图1-74所示。

11）当对应的按钮事件处理完成之后，需要回到监听状态，如图1-75所示。

12）退出事件不需要回到监听状态，如图1-76所示。

13）事件实现。添加一个单按钮对话框，如图1-77所示。

14）退出事件时，只需要在右下角连接上布尔真值即可，如图1-78所示。

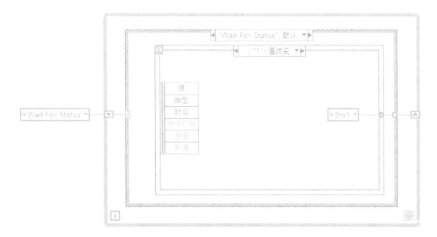

图 1-74　添加分支引导

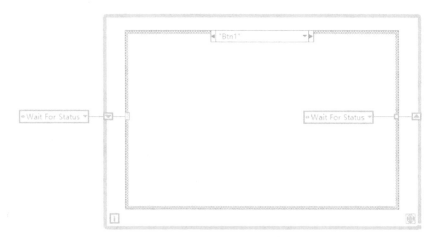

图 1-75　回到监听状态

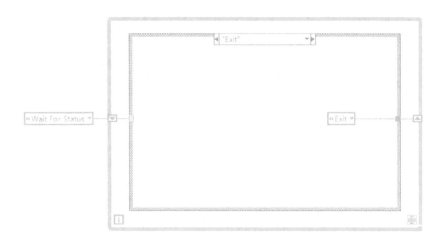

图 1-76　退出事件（一）

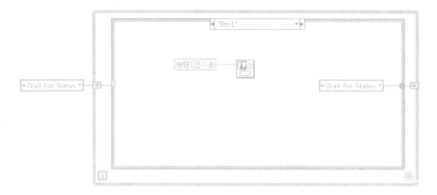

图 1-77　添加单按钮对话框

图 1-78　退出事件（二）

四、 任务实施

1）完成计算器的界面设计，如图 1-79 所示。

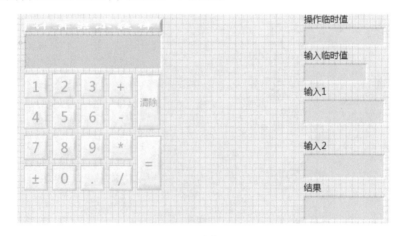

图 1-79　计算器界面

2）创建事件结构及事件分支，如图 1-80 所示。

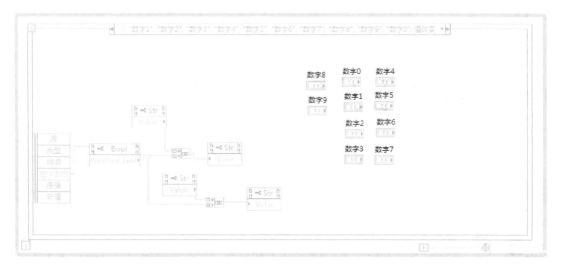

图 1-80　创建事件结构及事件分支

3）创建加减乘除选择结构及分支，如图 1-81 所示。

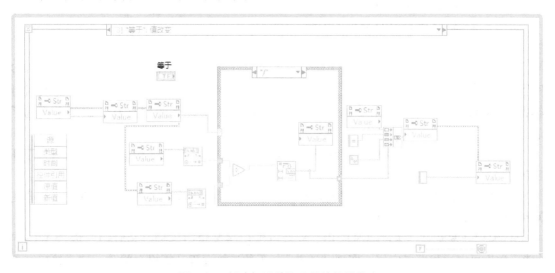

图 1-81　创建加减乘除选择结构及分支

五、 思考练习题

1. While 循环和 For 循环的特点分别是什么？

2. 在条件结构中，条件选择端能接入什么类型的数据？

3. 事件结构与条件结构有什么异同？

项目二
myRIO 的安装与配置

本项目主要介绍 myRIO 控制器，学生应了解其性能特征，掌握其基本配置方法。

任务一 软件的安装

LabVIEW
软件安装

一、 任务概述

本任务主要介绍 myRIO2017 的安装过程，学生应掌握 myRIO2017 软件的安装方法。

二、 任务要求

1. 掌握 myRIO 的特点及硬件参数。
2. 掌握 myRIO 软件的安装方法。

三、 知识链接

NI myRIO（简称 myRIO）是 NI 针对教学和学生创新应用而推出的嵌入式系统开发平台。NI myRIO 内嵌 Xilinx Zynq 芯片，学生可以利用双核 ARM Cortex – A9 的实时性能以及 Xilinx FPGA 可定制化 I/O，学习从简单嵌入式系统开发到具有一定复杂度的系统设计。

NI myRIO 作为可重配置、可重使用的教学工具，在产品开发之初即确定应具有以下重要特点：

1）易于上手使用。引导性的安装和启动界面可使学生更快地熟悉操作，帮助学生学习众多工程概念，完成设计项目。

2）编程开发简单。通过实时应用、现场可编程序逻辑门阵列（FPGA）、内置 Wi – Fi 功能，学生可以远程部署应用，实现"无头"（无须连接远程计算机）操作。三个接口（两个 MXP 接口和一个与 NI myDAQ 接口相同的 MSP 接口）负责发送和接收来自传感器与电路的信号，以支持学生搭建系统。

3）板载资源丰富。系统共有 40 条数字 I/O 线（支持 SPI 和 PWM 输出、正交编码器输入、UART 和 I2C）、8 个单端模拟输入、2 个差分模拟输入、4 个单端模拟输出和 2 个对地参考模拟输出，便于通过编程控制连接各种传感器及外围设备。

4）安全性高。直流供电，供电范围为 6～16V，可以根据用户特点增设特别保护电路。

5）便携性好。NI myRIO 的所有功能都已经在默认的 FPGA 配置中预设好，学生在较短时间内就可以独立开发出一个完整的嵌入式工程项目应用，特别适用于机器人、机电一体化和测控等领域的课程设计或学生创新项目。当然，如果有其他方面的嵌入式系统开发应用或者是一些系统级的设计应用，也可以用 NI myRIO 来实现。

NI myRIO 拥有包括 10 个模拟输入、6 个模拟输出、音频 I/O 通道、40 条数字 I/O 线、板载 Wi – Fi、一个三轴加速计和 4 个可编程序的 LED，共同集成在一个耐用、封闭的架构中。

四、 任务实施

使用 myRIO 进行系统开发，需要安装相关软件，下面介绍 myRIO2017 软件的安装步骤。

1）进入 myRIO2017 文件夹→2017myRIOBdl_1 文件夹，如图 2-1 所示。

| 2017myRIOBdl_1 | 文件夹 |
| 2017myRIOBdl_2 | 文件夹 |

图 2-1 配套安装包

2）双击运行 setup. exe，如图 2-2 所示。

Bin	文件夹
Common	文件夹
Distributions	文件夹
Licenses	文件夹
Readme	文件夹
autorun.exe	应用程序
autorun.inf	安装信息
nisuite.xml	XML 文档
patents.txt	文本文档
readme_myRIOBundle.html	360 se HTML Do...
setup.exe	应用程序
suite_md5_1.xml	XML 文档

图 2-2 运行 setup. exe 文件

3）安装程序初始化完成后单击"Next"按钮，如图 2-3 所示。

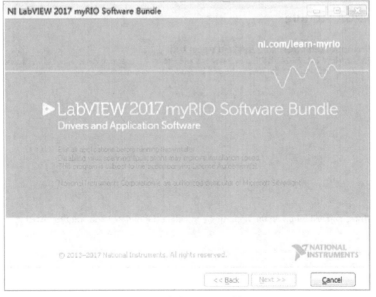

图 2-3 单击"Next"按钮

4）选择需要安装的工具包，然后单击"next"按钮，如图2-4所示。

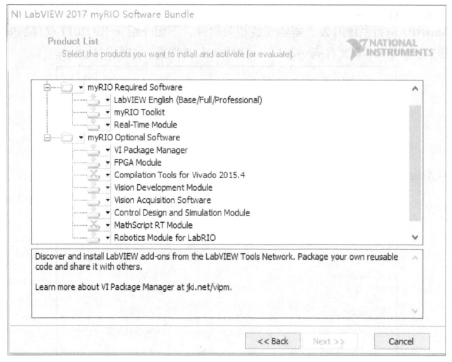

图2-4 选择需要安装的工具包

5）在此界面中，取消勾选检测更新提示复选框，单击"Next"按钮，如图2-5所示。

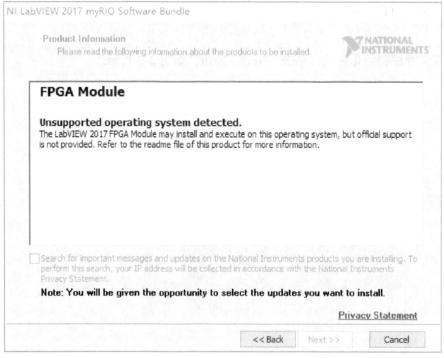

图2-5 取消勾选检测更新提示复选框

6）系统弹出更改软件安装路径界面，一般建议选择默认路径；若需修改路径，建议直接更改盘符，即将路径最前面的"C："改为"D："或"E："等。安装路径设置完毕后，单击"Next"按钮，如图 2-6 所示。

图 2-6　选择安装路径

7）在弹出的两个界面中都选择接受协议，然后单击"Next"按钮，如图 2-7 所示。

图 2-7　选择接受协议

8）单击"Next"按钮开始安装，如图 2-8 所示。

9）由于先安装了中文版的 LabVIEW，故无法安装英文版的 LabVIEW，出现图 2-9 所示的提示框，单击"OK"按钮后，再单击"是"按钮。

10）安装过程中有两个界面，左边的界面（图 2-10a）显示总体进度，右边的界面

图 2-8　开始安装

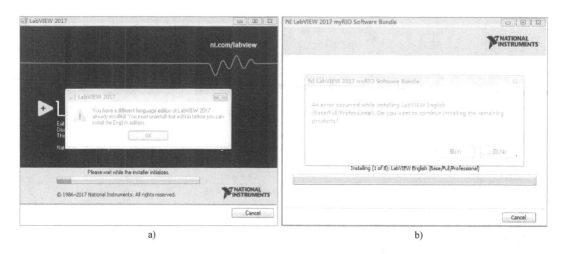

a)　　　　　　　　　　　　　　　　b)

图 2-9　无法安装英文版的 LabVIEW

（图 2-10b）在依次安装各模块时出现。等待安装结束，正常情况下，安装过程中不会出现提示，如果出现异常，根据对话框提示做出相应处理即可。

11）安装过程中可能会出现需要更换光盘的提示，选择 DVD2 对应的路径，单击"Rescan Drive"按钮继续安装。如果采用解压缩的形式，则选择对应的根目录路径，单击"Rescan Drive"按钮继续安装，如图 2-11 所示。

12）安装完成后，单击"Next"或"Finish"按钮结束安装，如图 2-12 所示。

至此，myRIO2017 相关软件安装完成。可以使用一系列软件对 myRIO 进行调试和编程测试。

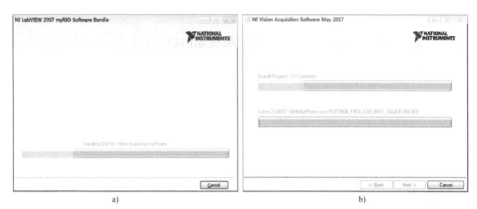

图 2-10　安装进度显示

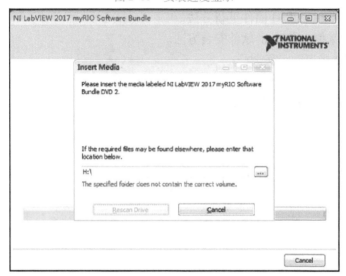

图 2-11　选择 DVD2 对应的路径

图 2-12　结束安装

五、 思考练习题

1. 在 myRIO 软件的安装过程中，可以安装哪些功能包？
2. myRIO 有哪些特点？

任务二　myRIO 的配置

myRIO配置

一、 任务概述

首次使用 myRIO 时，需要对其进行配置才可以正常使用，本任务将介绍 myRIO 的配置方法。

二、 任务要求

1. 掌握 myRIO 固件更新方法。
2. 掌握 myRIO 的软件安装方法。

3. 了解 myRIO 接口的定义。

三、 知识链接

myRIO 接口的定义如图 2-13 和图 2-14 所示。

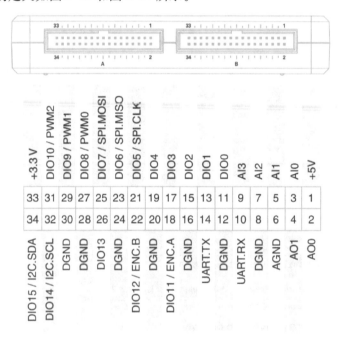

图 2-13　myRIO – 1900 A、B 接口

四、 任务实施

初次使用 myRIO 时，需要对其进行简单的配置。首先，将 myRIO 上电，使用 USB 线连接至计算机，如果 myRIO 的相关软件已正常安装，会出现一个识别到 myRIO 的弹窗，如图 2-15所示。

这说明已经能够通过计算机与 myRIO 进行通信。关掉该弹窗，打开 NI MAX 软件，进行 myRIO 的配置。在主界面中单击"远程系统"下拉菜单，可看到所连接的 myRIO 型号和

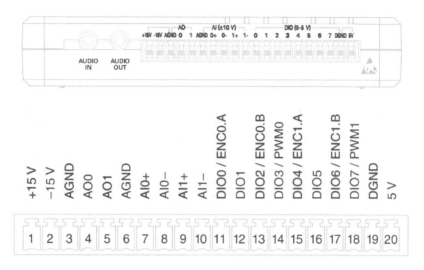

图 2-14   myRIO – 1900 C 接口

序列号；再单击"设备和接口"下拉菜单，可以看到相关的选项，如图 2-16 所示。

接着单击"NI – myRIO – 1900 – ×××
×"下拉菜单，可看到右侧的相关配置信息，如图 2-17 所示。

首先查看当前使用的 myRIO 的固件版本号，确定是否为 4.0 以上版本，如图 2-18 所示。

1. 固件库更新

1）一般初次使用一套新的 myRIO 时，都需要对其固件版本进行更新，否则某些功能将无法使用。例如，这里的版本号是 2.0，需要进行固件库更新。单击图 2-18 中的"更新固件"按钮，弹出一个默认的选择窗口，选择"myRIO – 1900_4.0.0. cfg"配置文件，然后单击"打开"按钮，如图 2-19 所示。

2）再次弹出小窗口提示更新信息，如图 2-20所示。

3）选择"开始更新"，在弹出的登录界面中，如果选择默认用户，则直接单击"确定"按钮；如果默认用户名处没有任何用户，则需要填写"admin"，然后单击"确定"按钮，如图 2-21 所示。

图 2-15   USB 连接计算机弹窗

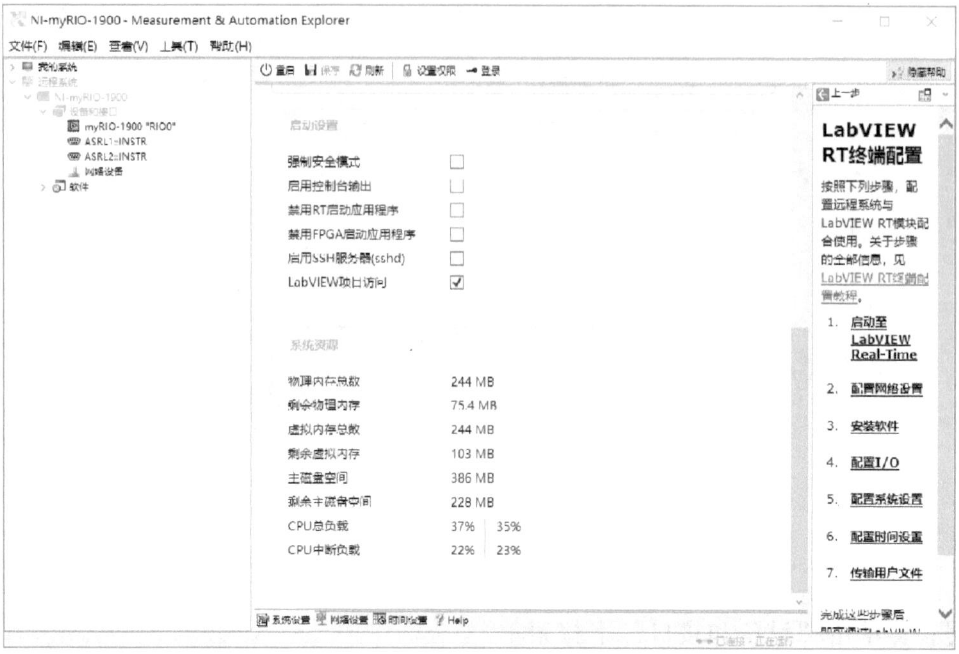

图 2-16　myRIO 配置界面

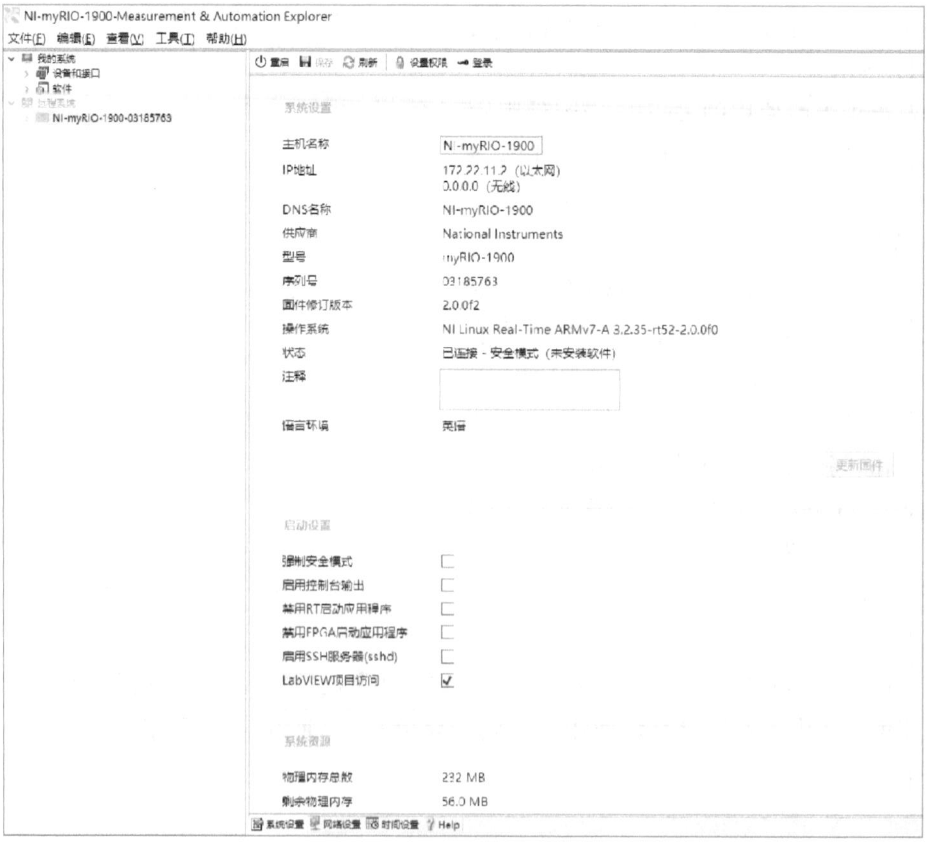

图 2-17　配置信息

图 2-18　查看固件版本

图 2-19　打开固件配置文件

图 2-20　更新固件库

图 2-21　登录界面

4）如果没有填写用户名"admin"单击"确定"按钮，则会提示错误，返回并填写默认账户即可进入，如图 2-22 所示。

5）填写好用户并单击"确定"按钮后，开始进行更新固件库，如图 2-23 所示。

6）在配置框的上方可以看到"刷写固件镜像"的提示，等待一段时间后，固件刷新完成，进行自动重启，如图 2-24 所示。

图 2-22　没有填写用户名报错

图 2-23　正在更新固件库

图 2-24　重启 myRIO

7）重启完成后会提示"固件更新已成功完成"，此时固件版本号更新为 4.0，说明更新操作已经完成，如图 2-25 所示。

图 2-25　固件库更新完成

虽然完成了固件更新，但还需要进行相应的配置。例如，在 LabVIEW 中编程是在中文状态下进行的，因此需要将语言环境设置为中文。

2. 软件安装

1）单击下拉菜单"NI – myRIO – 1900 – ××××"，右键单击"软件"，选择"添加/删除软件"，如图 2-26 所示。

图 2-26　添加/删除软件

2）在弹出的窗口中选择"NI myRIO 17.0 – May 2017"，并单击"下一步"按钮，如图 2-27 所示。

图 2-27　选择软件版本

3）在弹出的界面中找到并勾选简体中文组件，如图 2-28a 所示；然后根据需要选择其他软件，例如，当需要使用 USB 线连接 myRIO 弹出连接检测功能时，必须勾选与 USB 相关

a) 勾选简体中文组件

图 2-28　选择需要的软件

b) 勾选USB相关项

图 2-28　选择需要的软件（续）

的项，如图 2-28b 所示。

4）完成组件或附加软件的选择后，单击"下一步"按钮，弹出的摘要信息就是需要安装的相关组件或软件，可以快速查看是否有缺漏，若无缺漏，则单击"下一步"按钮，如图 2-29 所示。

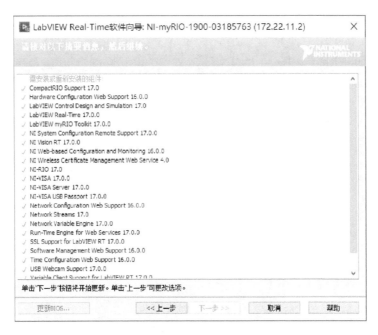

图 2-29　查看所要安装的相关组件或软件

5）myRIO 开始进行软件安装，如图 2-30 所示。

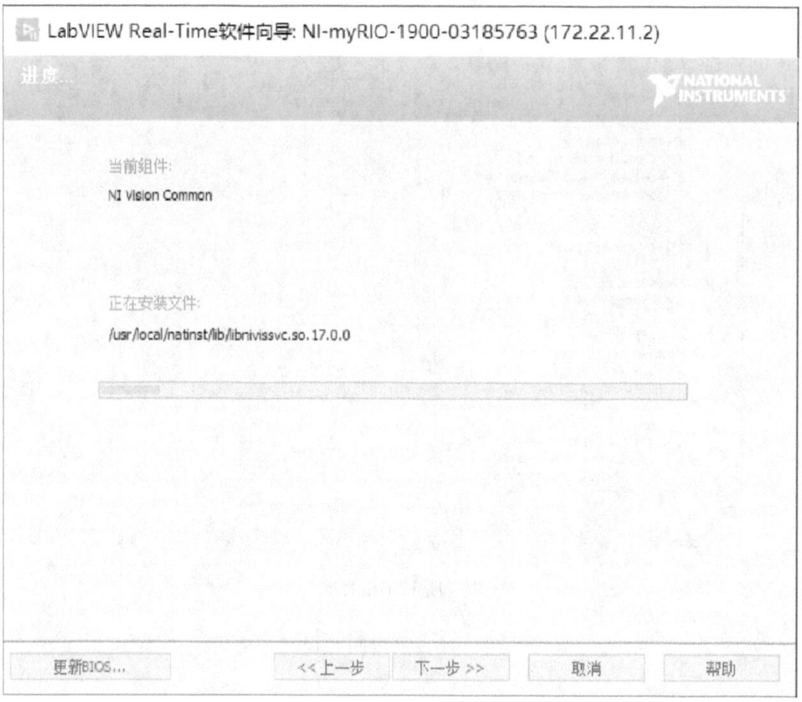

图 2-30 软件安装

6）安装完成后，单击"完成"按钮即可，如图 2-31 所示。

图 2-31 软件安装完成

7）单击"NI – myRIO – 1900 – ××××"主选项，"语言环境"选择"简体中文（P. R. C）"，然后单击配置框上方的"保存"按钮即可完成配置，如图 2-32 所示。

图 2-32　配置保存

8）完成配置并保存后，系统会提示"必须重启终端才可使改动生效"，单击"是"按钮即可，如图 2-33 所示。

至此，myRIO 已经基本配置完成，可以使用它进行项目开发。

五、思考练习题

1. myRIO 的初始用户名和密码分别是什么？

2. 在首次配置 myRIO 时，需要为 myR-IO 安装什么软件？

3. 在 myRIO 中，有多少路模拟输入和模拟输出？

图 2-33　重启系统提示

项目三
myRIO 输入/输出口基本功能应用

本项目主要通过安全灯控制介绍 myRIO 数字输出口的应用，通过按键启动控制介绍 myRIO 数字输入口的应用，通过红外传感器检测介绍 myRIO 模拟输入口的应用。

任务一　点亮 myRIO 上的 LED 灯

myRIO输入输出
口基本功能应用
点亮myRIOled灯

一、　任务概述

本任务主要介绍通过编程点亮 myRIO 上四盏 LED 灯的方法。

二、　任务要求

1. 掌握 myRIO 不同连接方式的项目创建方法。
2. 掌握 myRIO 端 VI 的新建方法。
3. 掌握 myRIO 快速 VI 的使用方法。

三、　任务实施

1）打开"LabVIEW"界面，单击"Create Project"按钮新建项目，如图 3-1 所示。

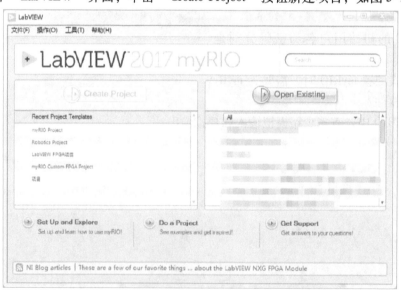

图 3-1　LabVIEW 窗口

2）在"创建项目"界面选择"myRIO"模板，如图 3-2 所示。

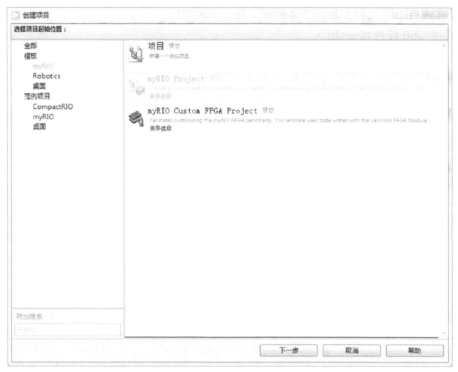

图 3-2　"创建项目"窗口

3）填写项目名称，设置项目根目录，选择连接方式，如图 3-3 所示。

图 3-3　选择连接方式

连接方式有以下几种，如图 3-4 所示。

① 通过 USB 线连接 myRIO。

② 通过 myRIO 热点连接。

③ 通过通用终端（先不配置 IP 地址）连接。

④ 通过指定 IP 或主机名连接。

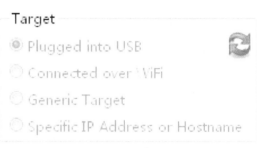

图 3-4　连接方式

完成设置并选择 myRIO 连接方式后，单击"完成"按钮，向导自动创建一个 myRIO 项目并打开"项目浏览器"，如图 3-5 所示。

图 3-5　项目浏览器

4）新建一个 myRIO 项目或在已有项目的基础上新建一个 VI，如图 3-6 所示。

图 3-6　在已有 myRIO 项目的基础上新建 VI

注意：新建 VI 后可先对 VI 进行保存，单击左上角的"文件"→"保存"，选择路径和修改文件名。

5）打开程序框图，在空白处单击鼠标右键，选择"myRIO"→"Default"→"LED"控件，如图 3-7a 所示；在"LED"控件的四路输入中创建输入控件，即 LED 的开关按钮，添加 While 循环结构和一个停止按钮，如图 3-7b 所示。

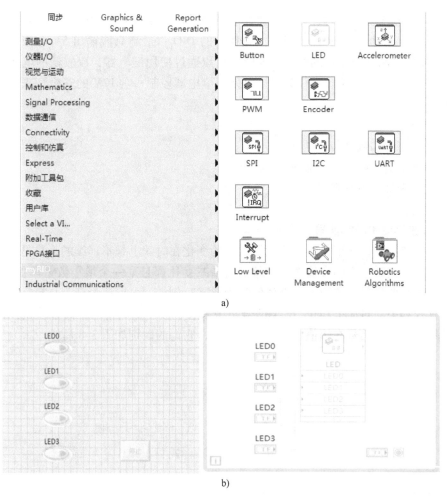

图 3-7 程序编写

6）单击"运行"按钮，即可通过四个按钮控制 myRIO 上的四个 LED。

四、思考练习题

1. 在 myRIO 中创建项目时，不同的连接方式有哪些区别？

2. 如何实现 LED 灯闪烁的效果？

3. 在 myRIO 的四盏 LED 灯中，如何实现流水灯的效果？

4. 在流水灯的基础上，如何实现自动切换流水灯的方向？

任务二 安全灯的控制

一、任务概述

制作机器人时，如果想要控制一个模块自动打开和关闭，可以直接控制该模块电源的接通和断开。但是，myRIO 的 DIO 口最高只能输出 5V 电压，很难直接控制较高电压模块的开关。这时，可以通过使用继电器，以较低的电压控制一个较高电压的开关。本任务将通过使用继电器控制一盏 12V 的安全灯来介绍继电器的使用方法。

二、任务要求

1. 掌握数字量和数字信号的区别。
2. 掌握继电器的电路连接方法。
3. 掌握安全灯的编程思路。

三、知识链接

1. 认识数字量和数字信号

数字量是离散量，而不是连续变化量，它的变化在时间上是不连续的，总是发生在一系列离散的瞬间。同时，它的数值大小和每次的增减变化都是某一个最小数量单位的整数倍，而小于这个最小数量单位的数值没有任何物理意义。例如，可以认为开关是数字量，因为它的状态只有开和关，对应 1 和 0。数字信号是用来表示数字量的信号，其幅值是离散的；与数字信号不同，模拟信号在幅值上是连续变化的，它们的区别如图 3-8 所示。

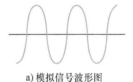

a) 模拟信号波形图　　　　　　　b) 数字信号波形图

图 3-8　模拟信号与数字信号

数字输入/输出（DI/DO）通常指数据采集板卡上的数字输入/输出口。由于数字口一般是双向口，既可以作为输入，也可以作为输出，因此也称其为 DIO（digital input/output）口，简称 IO 口。

2. 认识继电器模块

（1）继电器的工作原理　本任务主要使用的控制对象是 5V 低压继电器模块。继电器是一种电控制的开关器件，它用小电流（低电压）去控制一个大电流（高电压）的开关，如图 3-9 所示。

图 3-9　继电器模块

继电器有一个接低压电源的输入回路和一个接高压电源的输出回路。输入回路中有一个电磁铁线圈，当输入回路中有电流通过时，电磁铁产生磁力，使输出回路的触点接通，输出回路闭合导电；当输入回路中无电流通过时，电磁铁失去磁力，输出回路的触点弹回原位断开，输出回路断电。

myRIO 数字接口的输出功率比较低，缺乏操控电动机、灯和其他大电流设备所必需的驱动电流。而继电器的使用功率相对较低，可以通过 myRIO 控制电磁铁线圈，进而控制传输大电流的开关，从而弥补功率差距。

（2）继电器的用法　根据用途不同，继电器有不同的使用方法，一般需要选择信号触发端和输出端控制。其中信号触发端的选择见表 3-1。

表 3-1　信号触发端的选择

输入信号	高电平触发	低电平触发
0	—	继电器工作，接口闭合
1	继电器工作，接口闭合	—

输出端控制的选择见表 3-2。

表 3-2　输出端控制的选择

类型	常开端（接电源正极）	常闭端（接设备）
与公共端的状态	开路	闭合
接收到电平信号时	闭合，设备通电工作	断开，设备断电不工作

本任务选择低电平触发和常开端控制。

四、任务实施

1. 搭建电路

（1）电路原理图　继电器电路原理图如图 3-10 所示。电路中，T 为 MOS 管，当 B/DIO10 信号为高电平时，T 导通，继电器线圈 KM 得电，KM 常开触点闭合，KM 常闭触点断开。由于灯 L 接在常开触点，故 B/DIO10 信号为高电平时，灯 L 点亮。

（2）接线图　电路实物接线图如图 3-11 所示。

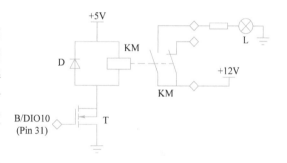

图 3-10　继电器电路原理图

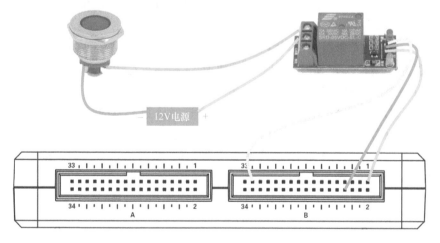

图 3-11　接线图

继电器引脚说明：VCC 是电源正极，GND 是电源负极，IN 是通断信号的输入引脚；而另一边，NC 即常闭端（normal close），COM 即公共端，NO 即常开端（normal open）。

接线说明：VCC 接到 myRIO +5V 处，GND 接到 myRIO DGND 引脚处，myRIO 插入板子，继电器公共端 COM 接电源正极，常开端 NO 与安全灯串联后接电源负极。

2. 编写安全灯亮灭程序

1）建立一个 While 函数，使程序在开始之后持续不断地运行。

2）使用 myRIO 数字信号输出（Digital output）快速 VI，选择 B/DIO13 接口。

3）在前面板上新建一个布尔控件来控制安全灯的亮灭，命名为"开关"，同时在程序框图中将开关输入控件与 Digital output 快速 VI 连接。

4）在 While 循环外建立 reset 函数，通过错误簇与 Digital output 快速 VI 连接，此 reset 函数的作用是在 While 循环结束后使 myRIO 复位。

经过以上编程步骤，得到如图 3-12 所示的程序。

图 3-12　安全灯亮灭程序

3. 编写安全灯闪烁程序

1）建立一个 While 函数，使程序在开始之后持续不断地运行。

2）建立一个 For 循环函数，用于循环为继电器输出 0 和 1（低电平和高电平）。

3）使用 myRIO Digital output 快速 VI，选择 B/DIO13 接口。

4）建立一个一维布尔数组，其中 T 代表 True，即输出高电平；F 代表 False，即输出低电平。这个数组要与写入 IO 的 Digital output 快速 VI 相连。在运行时，程序的 For 循环会按照数组的顺序，奇次时输入 1，偶次时输入 0。

5）建立一组延时和停止函数，这里采用一个选择函数和延时函数。未按下停止键时，选择函数将送入延时函数 delay 的数值。停止布尔值同时与外部 While 函数的循环条件相连，当运行程序时，该布尔值为 False，选择函数返回 delay 数值给延时函数。按下停止按钮时，布尔变值为 True，While 函数停止循环，延时函数的延时时间变为 0，程序终止。

6）在 While 循环外建立 reset 函数，通过错误簇与 Digital output 快速 VI 连接，此 reset 函数的作用是在 While 循环结束后使 myRIO 复位。

经过以上编程步骤，得到如图 3-13 所示程序。

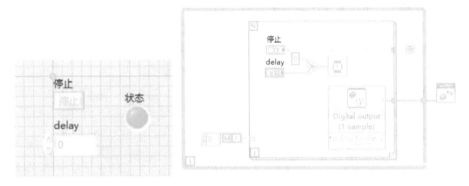

图 3-13　安全灯闪烁程序

4. 运行调试

1）准备好硬件材料，按图 3-11 所示的接线图搭建好电路。

2）编写并运行程序。

3）当继电器能成功运行后，尝试点亮安全灯和修改不同的延时时间。

4）观察实验现象，记录并思考。

五、知识拓展

myRIO 中的普通 IO 口与具有输出 PWM 功能的 IO 口的输出电压是不同的。普通 IO 口的输出电压为 3.3V，而具有输出 PWM 功能的 IO 口的输出电压可以达到 5V。在本任务中，由于继电器型号上的原因，需要选用输出 5V 电压的 DIO 口；如果使用输出 3.3V 电压的普通 IO 口，则无法驱动本任务中的继电器。

六、思考练习题

如何使用常闭端连接控制安全灯？

任务三　启动按钮的读取

一、任务概述

在移动机器人的程序控制中，可以使用一个按键来控制机器人的起动，按下这个按钮后，机器人才开始执行后面一系列的功能。本任务将介绍按钮输入数据读取的基本知识。

myRIO输入输出
口基本功能应用
启动按键读取

启动按钮实质上是一个布尔控件，只是这个布尔控件是硬件实物，即独立按钮，通过简单的电路设计，将相关的数字信号传递给 myRIO 的 IO，通过读取 myRIO 的 IO 信号进行相关的编程处理，即可实现需要的功能。

二、任务要求

1. 学会使用 myRIO 进行数字输入编程处理。

2. 掌握启动按钮即独立按钮的硬件工作原理。

三、知识链接

任务二中已经介绍了数字量，本任务主要介绍数据的读取。在数字电路中，数字信号主要为 0 和 1，机器所能识别的信号也是 0 和 1，由 0 和 1 构成的数据信息称为二进制数据。

布尔值也只有 0 和 1，在其他程序语言中，定义布尔值时常使用 bool 这个关键词。

myRIO 的数字信号实质上就是一连串由 0 和 1 构成的信号，可以根据需要来判断读取到 0 信号和 1 信号时分别执行何种操作，通过这种判断思路来进行程序设计。

四、任务实施

1. 搭建电路

启动按钮的电路原理图可简化为如图 3-14 所示的按钮电路图。

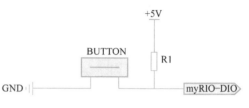

图 3-14　按钮电路图

其中，BUTTON 为启动按钮，它的一端接地，另一端接 myRIO 的某个数据引脚。同时，在该引脚一端设计上拉电阻，默认情况下，保证该输入引脚为高电平信号，即 1 信号；按下启动按钮后，两端导通，地端的引脚和 myRIO 的 DIO 引脚短接，myRIO 的 DIO 引脚为低电平，读取到 0 信号；放开启动按钮时按钮自复位，恢复高电平信号，从而实现布尔控件的功能。本任务将利用这一原理进行程序设计。

在本任务的硬件系统中，启动按钮的一端连接 myRIO 的 C 排 DIO5 引脚，即 C/DIO5，另一端接地。

2. 编程思路

按照硬件电路的设计原理，这里采用低电平有效的方式编写程序。使用一个 LED 灯来指示启动按钮是否按下：按下时，LED 灯闪烁；未按下时，LED 灯熄灭。程序流程如图 3-15 所示。

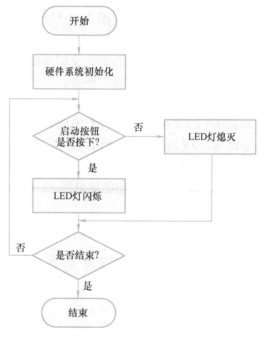

图 3-15　程序流程

3. 编程步骤

1）打开 LabVIEW，创建 myRIO 项目，如图 3-16 所示。

2）选择 myRIO 项目工程，如图 3-17 所示。

3）选择存放目录、myRIO 的连接方式等，然后单击"完成"按钮，完成 myRIO 的项目创建，如图 3-18 所示。

4）创建好 myRIO 项目后，需要新建新的 VI，在该 VI 上进行编程。在 myRIO 项目中单击右键，新建并保存 VI，根据需要命名，这里命名为"Start_KEY. vi"，如图 3-19 所示。

5）编写启动按钮程序。打开 Start_KEY. vi，并切换至程序框图处，单击右键，找到 myRIO 的相关函数组，这里采用放置快速 VI 的方式来编写程序。找到 myRIO 函数组下的"Digital In"，并配置 DIO 引脚为 C/DIO5，如图 3-20 所示。

图 3-16 创建项目

图 3-17 选择 myRIO 项目工程

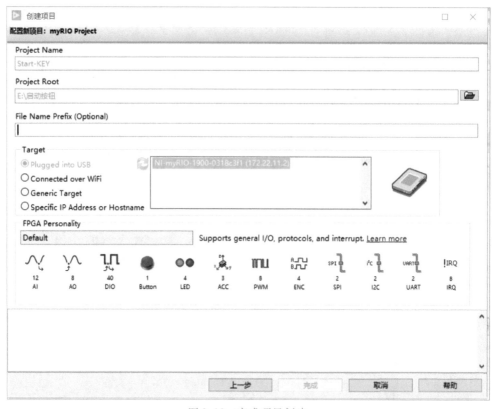

图 3-18　完成项目创建

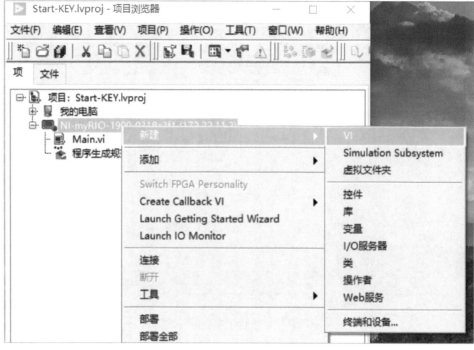

图 3-19　新建 VI

图 3-20　选择 myRIO 函数

6）放置好快速 VI 后，选择 C/DIO5 引脚，单击"OK"按钮完成配置，如图 3-21 所示。

图 3-21　函数引脚配置

7）在完成配置的 VI 输出端单击右键，创建显示控件，如图 3-22 所示。

8）编辑程序。至此，已经创建了一个简单的控制程序，能够实现由单一按钮控制 LED 灯亮灭的功能。值得注意的是，由于该电路中设定 myRIO 默认输出高电平，因此，需要加入非门，以控制只有在按下启动按钮时 LED 灯才亮起，如图 3-23 所示。

9）程序优化。为了实现循环控制，观察到更好的效果，需要加上 While 循环，并将 LED 灯命名为"Start_KEY"，同时加入短暂的延时。使用移位寄存器连接错误簇，在 While 循环外放置 myRIO 复位 VI，如图 3-24 所示。

图 3-22　创建显示控件

图 3-23　程序编辑

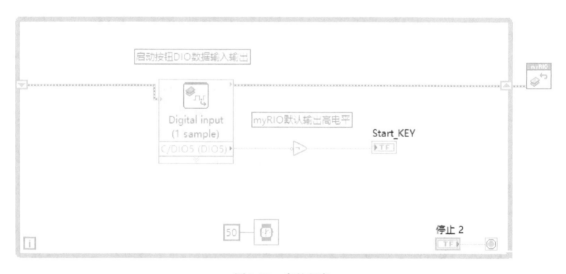

图 3-24　完整程序

10）至此，已经完成了用启动按钮控制 LED 灯亮灭的功能。但是，为了加深"启动按钮"这个名字的意义，需要设计一个简单的功能对其进行阐述。

① 将 C/DIO5 的输出作为条件结构的输入，未按下启动按钮时，LED 灯处于熄灭状态；按下启动按钮时，LED 灯处于闪烁状态。将快速 VI 和 Start_KEY 指示灯之间的连线断开，在器件中添加条件判断结构，并连接 C/DIO5 至条件结构的输入，如图 3-25 所示。

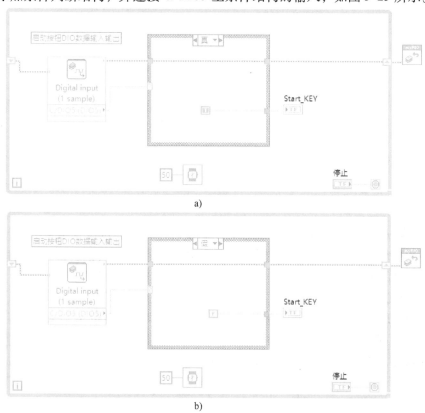

图 3-25　添加条件判断结构

② 要实现 LED 灯的闪烁状态，需要进行简单的处理，即运用移位寄存器来实现布尔值的翻转，参考程序如图 3-26 所示。

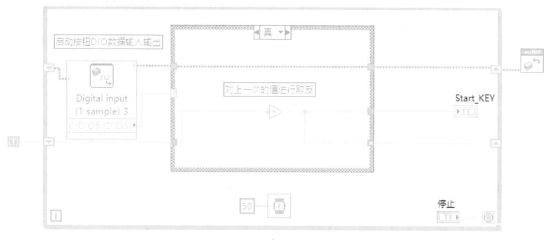

a)

图 3-26　LED 灯闪烁程序编写

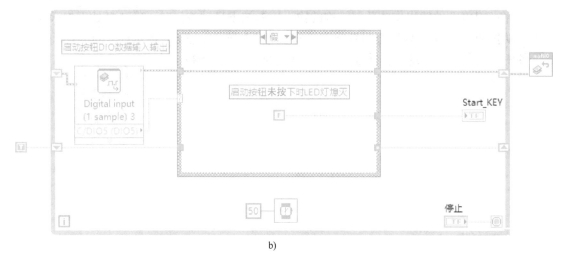

b)

图 3-26　LED 灯闪烁程序编写（续）

以上就是启动按钮的控制原理和编程思路的实现过程，通过设计由单一按钮控制 LED 灯亮灭程序和稍复杂的 LED 灯闪烁程序，学生加深对使用启动按钮进行机器人移动起动或停止控制的原理的理解。

4．运行调试

连接好 myRIO 后，运行程序，编译无误后完成下载，观察按下和未按下启动按钮时 LED 灯的状态。可发现，未按下启动按钮时，LED 灯是熄灭的状态；按下启动按钮时，LED 灯处于闪烁状态，如图 3-27 所示，证明设计思路和程序编写无误。

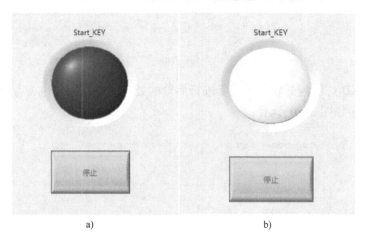

a)　　　　　　　　　　　　　　　b)

图 3-27　观察指示灯运行效果

五、　思考练习题

设计程序：使用启动按钮控制硬件系统上的安全运行灯。要求：按下启动按钮时，运行灯闪烁；未按下启动按钮时，运行灯熄灭。

任务四　红外传感器信号的采集

红外传感器采集

一、任务概述

　　相较于离散的数字信号，模拟信号（Analog）是一系列连续的信号。将模拟信号转换为数字信号，就是所谓的模数转换。模拟输入在可编程序控制器中使用得特别多。因为控制器都是数字电路，为了兼容和采集相应的模拟信号，电路中设计了模拟量输入电路，可以通过编程控制来实现模拟信号的采集获取。模拟信号是用连续变化的物理量来表达的信息，如温度、速度和电压等。

　　模拟输入/输出（AI/AO）通常是指模拟输入或者输出接口。模拟输入或者输出接口的电压（或电流）是可以连续变化的，对应于模拟量的输入或输出。

　　移动机器人的传感器经常会涉及模拟信号，需要将模拟信号转换为数字信号后进行处理。本任务将介绍模拟量程序设计方法，对红外测距传感器进行数据采集。

二、任务要求

　　1. 掌握模拟信号的原理。

　　2. 学会使用 myRIO 获取红外测距传感器的模拟信号。

　　3. 学会进行数据处理，获得实际的距离信息。

三、知识链接

　　红外测距传感器具有一对红外信号发射与接收二极管，发射管能够发射特定频率的红外信号，接收管则能接收这种频率的红外信号，当红外线在检测方向上遇到障碍物时，红外信号反射回来并被接收管接收。

　　硬件系统平台采用的是夏普 GP2Y0A21 型红外测距传感器（图 3-28），它利用三角测距原理，通过使用位置敏感器件（position sensitive device，PSD）来获得输出信号，然后根据输出信号得出物体的距离量值。

　　夏普 GP2Y0A21 型红外测距传感器的有效测量距离在 80cm 以内，有效测量角度大于 40°；输出信号为模拟电压，其在 0~8cm 范围内与距离成正比关系，在 10~80cm 范围内与距离成反比非线性关系；反应时间约为 5ms，并且对背景光及温度的适应性较强。图 3-29 中的纵轴为输出电压值，横轴为测量距离值。

图 3-28　红外测距传感器

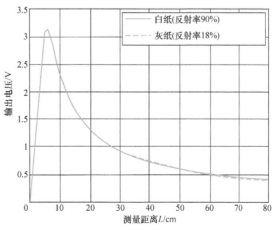

图 3-29　输出电压与测量距离的关系曲线

本任务的硬件连接使用了两个红外测距传感器，它们的工作原理是相同的。传感器与 myRIO 接口见表3-3。

表 3-3　传感器与 myRIO 接口

传感器编号	对应 myRIO 模拟输入接口
红外传感器 1	B/AI0
红外传感器 2	B/AI0

四、任务实施

1. 搭建电路

实际的硬件系统所采用的两个红外测距传感器均采用三线制连接方式，连接模型图如图 3-30 所示。其中，Signal 表示模拟信号输入引脚。在实际的硬件电路中，将两个红外测距传感器的信号引脚分别对应 IO 接口连接即可，如图 3-30 所示。

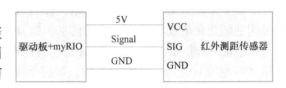

图 3-30　连接模型图

2. 编程思路

本任务采用快速 VI（即 Express VI）来实现模拟信号的输入采集。首先，在程序框图中添加模拟输入 Express VI，并配置模拟输入 Express VI；由于快速 VI 的输出需要进行数据处理，因此添加波形图表来显示数据；然后加入 While 循环来实现多次采集，并添加 50ms 的延时；同时，程序是在 myRIO 上运行的，因此需要添加复位 VI，程序流程如图 3-31 所示。

3. 编程步骤

1）打开 LabVIEW，创建 myRIO 项目工程，新建 VI，放置模拟输入快速 VI，如图 3-32 所示。

图 3-31　红外测距程序流程　　　　　图 3-32　myRIO 函数

2）选择配置 Express VI，选择 B/AI0 和 B/AI1 两个模拟输入接口，如图 3-33 所示。

3）在前面板上放置波形图表，并回到程序框图，放置捆绑，将 B/AI0 和 B/AI1 输出连接至捆绑输入，将捆绑结果连接至波形图表，如图 3-34所示。

图 3-33　配置模拟输入接口

4）添加 While 循环和延时，并添加 myRIO 复位 VI，将错误簇连接起来，可以使用移位寄存器将错误簇输入端也连接起来，如图 3-35 所示。

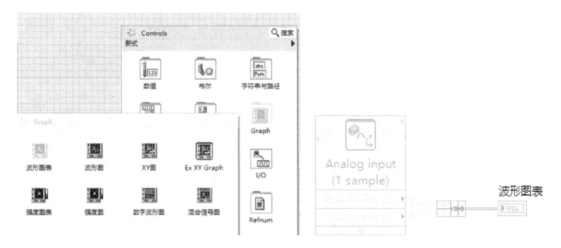

图 3-34　放置波形图表

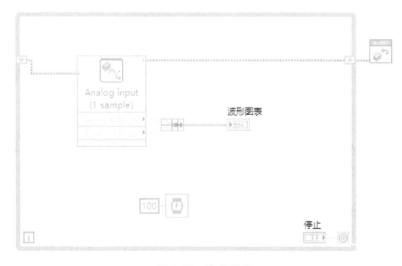

图 3-35　完整程序

4. 数据处理

至此，基本上完成了模拟输入采集数据的过程，接下来进行数据处理。

运行上述程序时，数据有时抖动特别大，会影响机器人的性能，导致机器人运动或避障时出现较大的噪声。为了解决这一问题，可以引入数字滤波器，对采集到的数据进行滤波。

1）在函数面板中找到"Signal Processing"，并找到"逐点"组，在里面找到"概率与统计（逐点）"，再选择"均值（逐点）"，如图 3-36 所示，然后放置均值（逐点）函数，如图 3-37 所示。

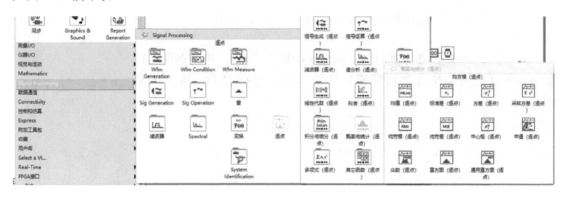

图 3-36　调用数据处理函数

2）通过即时帮助查看该函数相应的输入/输出功能，并将输入、输出分别连接到程序中，如图 3-38 所示。

图 3-37　均值函数

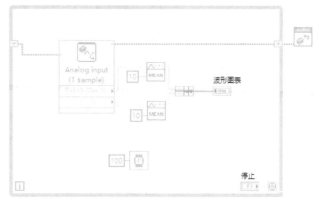

图 3-38　优化后的程序

由于红外测距传感器获取的数据是模拟电压信号，并不是距离信息。因此，在滤波之后，需要根据所使用的红外测距传感器的电压获得距离值，两者的关系为

$$距离 = 6787/(V\_value/5 \times 1024 - 3) - 4$$

式中，V_value 为模拟测量 Expressv VI 的输出。

完整的红外测距程序如图 3-39 所示。

5. 运行调试

给硬件系统上电，连接上 myRIO 后进行运行调试，通过波形图表查看对应的模拟电压变化情况，最终显示的是换算后的距离信息，如图 3-40 所示。

五、思考练习题

1. 尝试把均值（逐点）函数中的采样长度变大，观察其效果。

2. 对模拟测量输出的结果进行限幅，保证最终的测量结果在传感器的量程范围内。

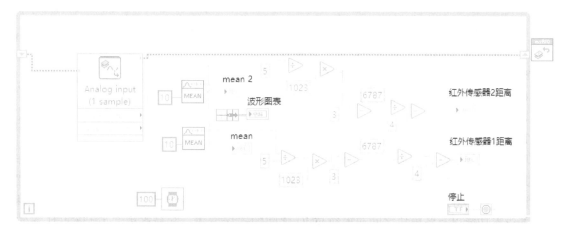

图 3-39 完整的红外测距程序

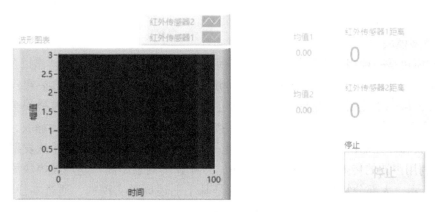

图 3-40 程序运行结果

3. 结合 myRIO 上的 LED 灯，实现当检测距离大于 50cm 时，LED 灯闪烁。

任务五 超声波传感器信号的采集

一、任务概述

超声波传感器是将超声波信号转换成其他能量信号（通常是电信号）的传感器。它具有频率高、波长短、绕射现象少，特别是方向性好、能够成为射线而定向传播等特点。超声波对液体、固体的穿透力很大，尤其是在阳光下不透明的固体中。超声波碰到杂质或分界面会产生显著反射形成反射回波，碰到活动物体则能产生多普勒效应。

超声波传感器
信号的采集

超声波传感器可以广泛应用在物位（液位）监测、机器人防撞、各种超声波接近开关以及防盗报警等相关领域，其工作可靠、安装方便、防水性好、发射夹角较小、灵敏度高。

在移动机器人中，要经常用超声波来测量距离，与红外线配合进行直角校正。因此，需要进一步学习超声波传感器的工作原理，进而掌握超声波测距功能程序的编写。

二、 任务要求

1. 了解超声波测距的基本原理及相关参数。

2. 掌握使用 myRIO 上的信号处理函数的方法。

3. 学会使用 FPGA 编程控制 myRIO。

4. 掌握读取并处理超声波数据的方法。

三、 知识链接

1. FPGA

现场可编程序逻辑门阵列（Field Programmable Gate Array，FPGA）采用了逻辑单元阵列，其内部包括可配置逻辑模块、输出输入模块（IOB）和内部连线三个部分。FPGA 的逻辑是通过向内部静态存储单元加载编程数据来实现的，存储在存储器单元中的值决定了逻辑单元的逻辑功能以及各模块之间或模块与 IO 之间的连接方式，并最终决定了 FPGA 所能实现的功能，FPGA 允许无限次的编程。FPGA 的开发相对于传统 PC、单片机的开发有很大不同。FPGA 以并行运算为主，通过硬件描述语言来实现。因此，只要编写对应的 FPGA 程序，就能得到需要的硬件功能。

2. 超声波模块

超声波模块是一种用于测距的模块。该模块具有性能稳定、测量距离精确以及盲区小等优点，产品应用领域包括机器人避障、物体测距、液位检测、公共安全防护和停车场检测等。使用时，从一个控制口发出一个 10μs 以上的高电平进行触发，超声波模块会自动发射 8 个 40kHz 的测量脉冲，与物体接触后返回，接收端对返回的脉冲进行接收捕获，接收电路通过测量捕获脉冲并输出高电平，以测量高电平的持续时间（即测量脉冲从发射到返回的时间），再利用声波的传播原理进行距离转换，并计算出测量距离。超声波模块测量时序图如图 3-41 所示。大部分常见的超声波测距都是基于上述原理实现的，通过本任务的学习，也可以使用其他型号的超声波模块进行距离测量。

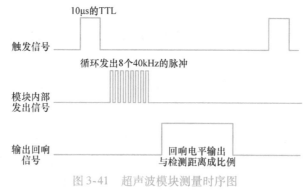

图 3-41　超声波模块测量时序图

四、 任务实施

1. 搭建电路

超声波模块电气接线图如图 3-42 所示。其中，Trig（控制端）用于输入起始电平（10μs 以上的高电平），Echo（接收端）用于检测位于超声波传感器检测范围内的障碍物的距离。

图 3-42　超声波模块电气接线图

本任务使用 HY – SRF05 型超声波模块，但为了节省 IO 口，将超声波模块的触发引脚和接收引脚通过 1kΩ 的电阻连在一起，并接入 myRIO 的一个 DIO。因此，只需要使用 Trig 引脚就可以了。HY – SRF05 的检测距离为 $2 \sim 450\,\mathrm{cm}$，精度可达 $2\,\mathrm{cm}$。

在该硬件系统中，超声波模块引脚的功能见表 3-4。

表 3-4　超声波模块引脚功能表

编号	引脚标识	连接 IO
1	Trig	A/DIO0
	Echo	同上复用
2	Trig	B/DIO0
	Echo	同上复用

注：A/DIO0 指的是 myRIO 的 IO 连接口中 A 口 DIO0 引脚；同理，B/DIO0 为 myRIO 的 B 口 DIO0 引脚。后面的引脚命名均采用这种方式来区分 myRIO 的 A、B 和 C 三个 IO 连接口。

2. 编程思路

本任务将完成对超声波传感器数据的读取。首先创建 FPGA 项目，然后查找 LabVIEW 中的超声波模块范例，使用范例提供的底层代码辅助进行程序编写。使用 FPGA 编程进行超声波模块引脚 IO 配置，并将配置文件保存到工程目录中，然后进行超声波模块底层驱动设计，驱动程序的主要流程如下：

1）使能控制接口输出至少 $10\,\mu s$ 的高电平，再置低电平。

2）失能输出功能，进行读取操作，测量引脚高电平脉冲持续时间，并判断该时间是否超过超声波模块最大量程测量时间，输出超时布尔值。

3）进行距离换算。

4）输出测量距离值和超时布尔值。

配置好 FPGA 文件后，即可在任务中引用该 FPGA 配置文件进行超声波测距程序设计，从而实现超声波传感器的数据读取功能。

超声波 FPGA 底层测量程序流程如图 3-43 所示，调用 FPGA 超声波测距程序流程如图 3-44 所示。

3. 编程步骤

1）创建 myRIO 的 FPGA 项目。myRIO FPGA 项目的创建方法与 myRIO 项目基本相同，只是需要在第二步选择 FPGA 模板，如图 3-45 所示。

2）创建 FPGA 项目后的项目浏览器如图 3-46 所示。

从图中可以看出，此时的项目浏览器与平常的 myRIO 项目不大相同。可以在 "FPGA Target" 上单击右键，新建 VI 进行 FPGA 编程，本任务可直接在 RT Main 上编程。

3）打开 "FPGA Main Default. vi"，把超声波模块范例导入该程序中。范例可通过在 NI 范例查找器中搜索 "Parallax PING)))（FPGA）. lvproj" 得到，如图 3-47 所示。

4）在项目浏览器中找到 "Parallax PING)))（FPGA）. vi"，双击打开，把程序拖到 "FPGA Main Default. vi" 中，如图 3-48 所示。

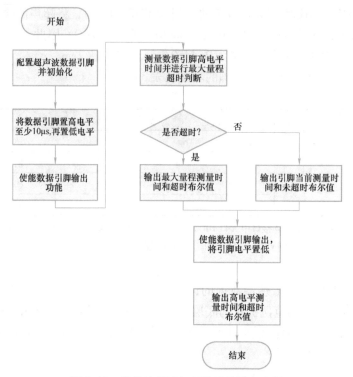

图 3-43 超声波 FPGA 底层测量程序流程

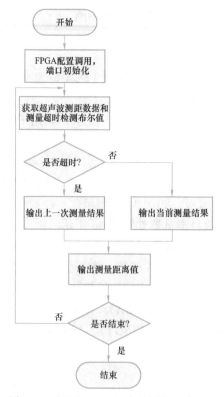

图 3-44 调用 FPGA 超声波测距程序流程

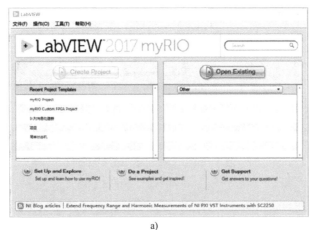

a)

b)

图 3-45　新建 FPGA 项目

图 3-46　项目浏览器

图 3-47　范例程序的项目浏览器

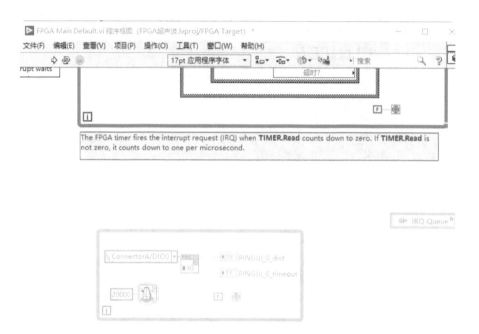

图 3-48　FPGA Main Default 程序

5）需要注意的是，不可以在导入范例程序后直接单击"运行"按钮 ⚙ 进行编译，会出现引脚冲突的情况。因此，在选择引脚的同时，还要注意 Main 程序的其他地方是否使用了该引脚。若用到了该引脚，可以使用程序框图禁用结构将其禁用。例如，图 3-48 中使用的是"A/DIO0"引脚，则需要禁用用到该引脚的地方，如图 3-49 所示。

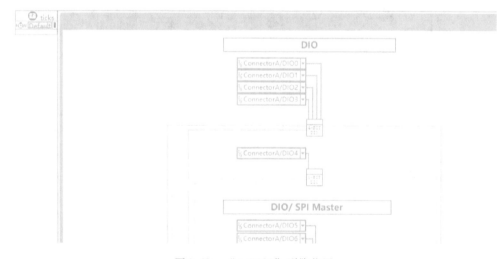

图 3-49　"A/DIO0"引脚位置

6）双击进入"A/DIO0"引脚所连接的子 VI，在左上角选择文件并另存为操作，然后选择"另外打开副本"，单击"继续"按钮，如图 3-50 所示。

7）此时弹出文件另存目录及文件名填写界面，只需要填写文件名即可。这里填写的文件名为"DIO 3 - bit. vi"，单击"确定"按钮即可完成文件的保存，如图 3-51 所示。

图 3-50   选择"另外打开副本"

图 3-51   选择保存文件路径和填写文件名

8）回到"FPGA Main Default. vi"，找到"A/DIO0"引脚所连接的子 VI，右键单击"替换"→"全部选板"→"Select a VI..."，然后选择刚刚保存的文件，如图 3-52 所示。

9）替换完成后，双击进入子 VI，删除 DIO0 输入控件及 PIN0 函数，删除断线。由于把 DIO0 输入控件和 PIN0 函数删除了，因此需要在创建数组函数中补充一个值为"F"的布尔常量，保存设置，关闭子 VI，如图 3-53 和图 3-54 所示。

10）回到"FPGA Main Default. vi"，删除 ConnectorA/DIO0 引脚常量，删除多余的连线，如图 3-55 所示。

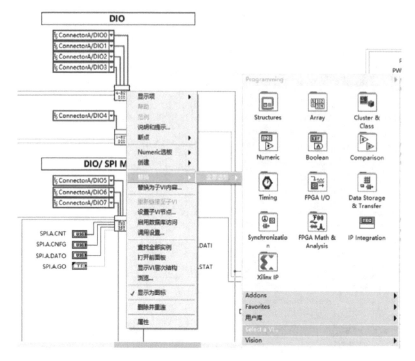

图 3-52　替换子 VI

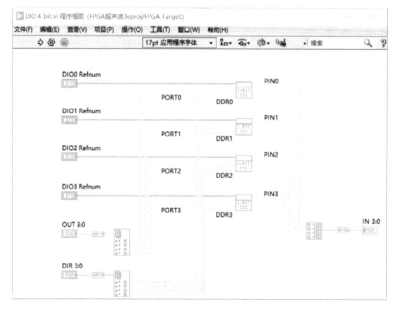

图 3-53　子 VI 修改前

11）编译。单击"运行"按钮，选中"Use the local compile server（使用本地编译服务）"，如图 3-56 所示。

12）单击"OK"按钮后，LabVIEW 即开始编译，如图 3-57 所示。

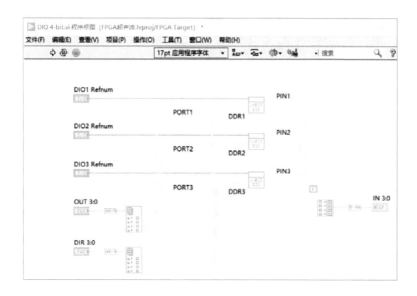

图 3-54　子 VI 修改后

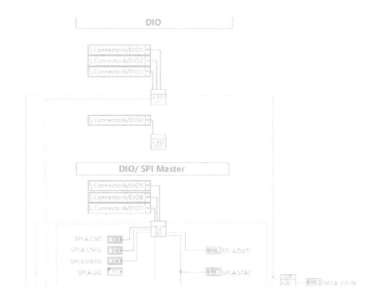

图 3-55　删除 Connector A/DIO0 引脚常量和多余的连线

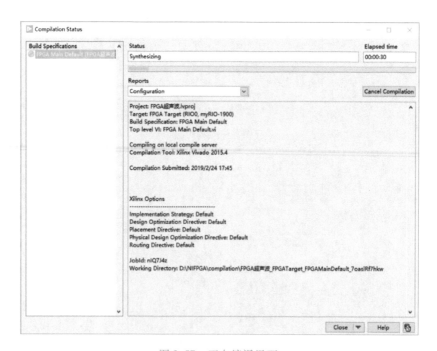

图 3-56 选择编译服务

图 3-57 正在编译界面

注意：错误代码"-63040"表示未检测到远程设备，按"确定"按钮即可，如图 3-58 所示。

如果出现编译失败，是因为 myRIO 上的 FPGA 资源不够，此时需要删除一些不用的接口，然后重新编辑即可，如图 3-59 和图 3-60 所示。

13）若显示"The compilation completed successfully"，则表示编译成功。编译成功后，便可在 RT Main 程序里的"配置打开 FPGA VI 引用"控件中选择编译好的比特位文件（一般是在本任务保存的文件夹中）。右键单击该控件，选择"配置打开 FPGA VI 引用"，找到并选择刚刚编译好的比特位文件（文件后缀为"lvbitx"），如图 3-61 所示。

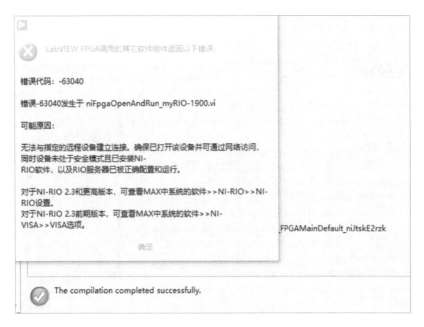

图 3-58　未检测到远程设备提示

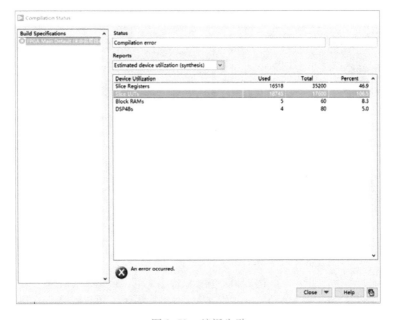

图 3-59　编译失败

14）新建一个 While 循环，在里面新建一个"读取/写入"控件，选择"PING）））_0_dist"和"PING）））_0_timeout"，使用选择函数判断读取是否超时：若超时，则输出上一次的距离值；若未超时，则输出当前值。将输出的值转化为 DBL 类型，乘以 100 转换为 cm 单位，即为读取的距离，如图 3-62 所示。

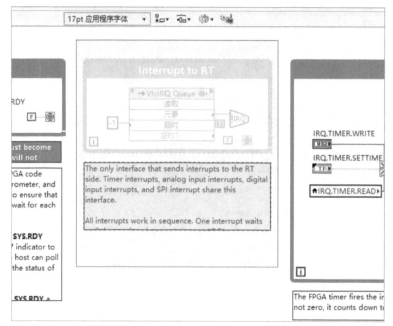

图 3-60　删除不用的接口

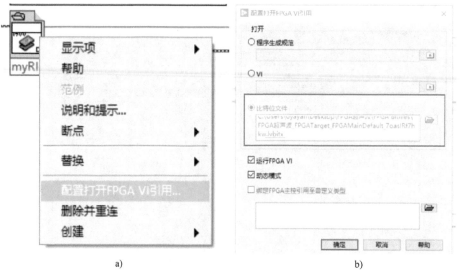

a)　　　　　　　　　　　　　　　　b)

图 3-61　选择比特位文件

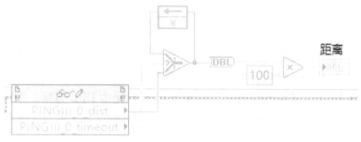

图 3-62　读取距离部分程序

4. 超声波读取程序

该程序是基于 LabVIEW 新建的"myRIO Custom FPGA Project"中的 RT Main 函数进行编辑的。在原程序的 While 循环里面增加了读取/写入控件，用于引出 FPGA 函数里超声波模块的程序例程中所读取的距离，如图 3-63 所示。

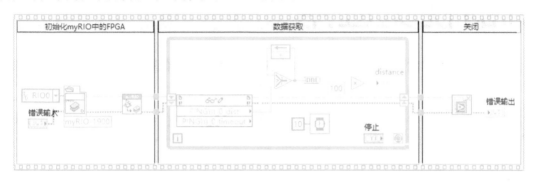

图 3-63　RT Main 超声波程序

5. 运行试调

编写完程序并保存后即可运行，运行中的程序如图 3-64 所示，单位为 cm。若无数据，则检测读取代码是否有问题；若未发现问题，则检测 FPGA 文件是否编译成功或硬件部分是否存在问题。

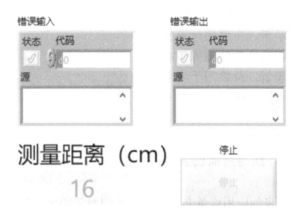

图 3-64　运行中的程序

五、思考练习题

1. 尝试配置一个 B/DIO0 接口的超声波传感器读取的 FPGA 文件。

2. 尝试增加报警功能：当检测到的距离小于 10cm 时产生报警。

3. 使用超声波传感器控制 8 个布尔的亮灯数目，每增加 10cm 就多点亮一盏灯（即 0~10cm 点亮一盏灯，10~20cm 点亮两盏灯，依次类推）。

项目四
机器视觉应用

本项目将介绍视觉助手的功能和使用，通过视觉助手来采集图像，并对采集到的图像进行相应的处理。

任务一 视觉助手的使用

视觉助手的使用

一、任务概述

本任务主要介绍视觉助手的功能和使用方法，通过视觉助手实现图像采集。

二、任务要求

1. 掌握 NI Vision Assistant 软件的使用方法。
2. 通过视觉助手采集图像。

三、知识链接

1. 机器视觉介绍

机器视觉（图4-1）是一门涉及人工智能、神经生物学、计算机科学、图像处理和模式识别等诸多领域的交叉学科，主要用计算机来模拟人的视觉功能，从客观事物的图像中提取信息，进行处理并加以理解，最终用于实际检测、测量和控制。简单来讲，机器视觉就是用机器代替人眼来做测量和判断，通过光学装置和非接触式传感器自动接收与处理真实物体的图像，对图像进行分析并获得所需的关键性信息。

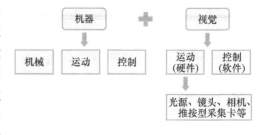

图 4-1 机器视觉系统

机器视觉目前以及未来的应用前景非常广阔，人们熟知的应用领域有自动驾驶、无人机控制、服务机器人和工业自动化检测等。

2. NI Vision Assistant

NI 公司的视觉开发模块是专为开发机器视觉和科学成像应用的工程师设计的，其中包含 NI Vision Builder 和 IMAQ Vision 两部分。NI Vision Builder 是一个交互式的开发环境，能快速完成视觉应用系统的模型建立。IMAQ Vision 是一套包含各种图像处理函数的功能库。

NI Vision Assistant 可以自动生成 LabVIEW 程序框图，该程序框图中包括 NI Vision Assistant 建模时一系列操作的相同功能。

3. 摄像头的选择

摄像头是机器视觉系统中的一个关键组件，其最本质的功能是将光信号转变成有序的电信号。选择合适的摄像头是机器视觉系统设计中的重要环节，摄像头的性能不仅直接决定所采集到图像的分辨率、质量等，同时也与整个系统的运行模式直接相关。

与摄像头相关的主要技术参数有摄像头分辨率、焦距、最小工作距离、最大像面、视场/视场角、景深、光圈及接口类型等。在选择摄像头时，首先应根据需要对这些参数进行筛选，同时应注意摄像头物理接口的选择。如果不考虑预算，可以根据经验从以下几个方面进行筛选：

1）根据项目要求和机器视觉成像系统模型，确定摄像头的传感器尺寸及分辨率。

2）确定摄像头的输出方式及标准（模拟/数字、色彩、速率等）。

3）确定摄像头的物理接口及电气接口。

4）确定摄像头的其他性能指标。

筛选过程是一个在项目预算范围内综合各种技术指标，最大限度地满足项目需求的过程。在实践中，应根据各种情况灵活应变并积累经验。

在本项目中，摄像头采用 Microsoft LifeCam Cinema（图 4-2），通过 USB 连接 myRIO 与摄像头，以实现采集图像的功能。

该摄像头的参数如下：

1）对焦方式：自动对焦。

2）对焦范围：4 倍数码变焦。

图 4-2　Microsoft LifeCam Cinema

3）视频图像：采用 Clear Frame 技术，可提供流畅的"1280×720 30FPS"视频拍摄体验（即最大分辨率为 1280×720，最大帧频为 30 帧/s）。

4）其他特点：内置降噪传声器。

四、任务实施

首先，通过 USB 线将摄像头连接至 myRIO，然后将 myRIO 连接至计算机，打开 NI MAX 查看摄像头是否连接成功，同时调节其参数。连接成功后，即可打开 NI 视觉助手，选择"Acquire Images"进行图像的获取，获取图像后在工具栏中保存即可，如图 4-3 所示。

1. 连接摄像头

1）硬件连接摄像头→打开 NI MAX→远程系统→对应连接上的 myRIO→设备和接口→"cam0"，如图 4-4 所示。

2）单击"Grab"即可连续获取图像，如图 4-5 所示。

界面上部分选项含义：Snap 拍摄图片、Grab 连续获取图像、Histogram 图片灰度分布图、Save Image 保存图像。

界面下部分选项含义：Video Mode 摄像头拍摄模式、Pixel Format 摄像头像素格式、Output Image Type 图像输出类型、Timeout 超时时间。

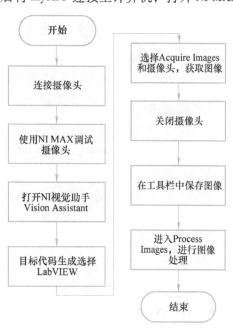

图 4-3　连接摄像头流程图

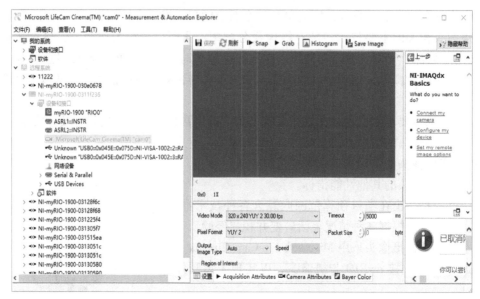

图 4-4　检测摄像头

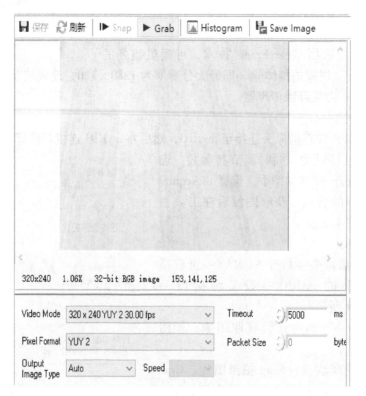

图 4-5　连续获取图像

2. 图像采集

1）打开 Vision Assistant，在弹出的界面中选择"LabVIEW"，如图 4-6 所示。

视觉助手的位置：开始菜单→所有程序→ National Instruments→Vision→Vision Assistant。

2）打开 Vision Assistant 后，默认进入图像处理界面，如图 4-7 所示。

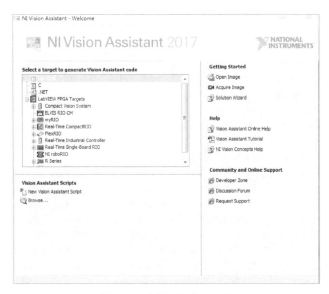

图 4-6 选择 "LabVIEW"

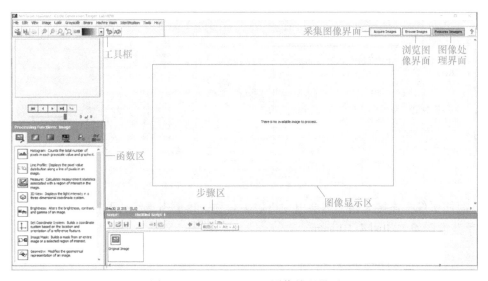

图 4-7 Vision Assistant 图像处理界面

① 步骤区显示不同的处理脚本，双击每一个步骤可以进行参数修改。

② 图像显示区显示原图像和选择处理函数后的图像。

③ 函数区中包含 Image（图像）、Color（彩色图）、Grayscale（灰度图）、Binary（二值图）、Machine Vision（机器视觉）和 Identification（识别）等功能。

④ 工具框中综合了各种工具和快捷按钮。

3）选择 Acquire Images 设备，如图 4-8 所示。

4）在"Target"下拉菜单中选择"Select Network Target"，输入 myRIO 的 IP 地址，如图 4-9 所示。

注意：myRIO 与计算机以 USB 线连接时，IP 地址为 172.22.11.2；以 Wi – Fi 连接时，IP 地址则为 172.16.0.1 。若下拉选项中已有 IP 地址，则直接选择即可。

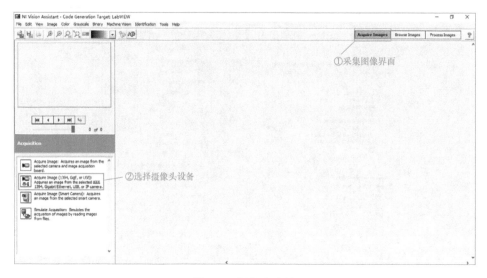

图 4-8　摄像头选择

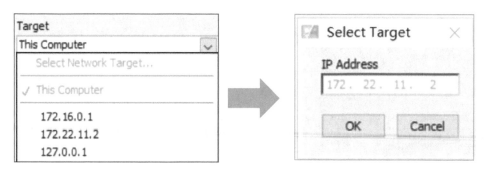

图 4-9　输入 IP 地址

5）假如摄像头连接无误，则会出现摄像头名称，再单击连续获取按钮▶，就可以通过视觉助手获取图像，如图 4-10 所示。

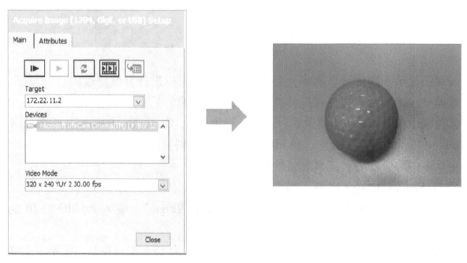

图 4-10　获取图像

6）保存采集到的图像。首先单击"Store Acquired Image in Browser"按钮，表示将获取的图像存储在视觉助手中，然后单击"File"中的"Save Image"，即可保存采集到的图像，如图4-11所示。

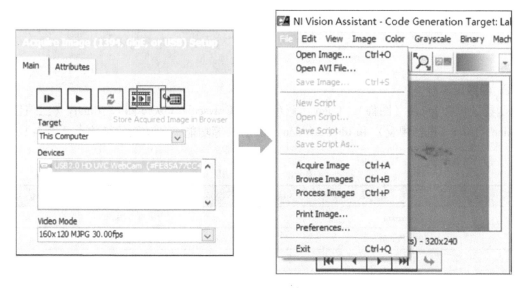

图4-11　保存图像

7）图像采集完成后单击"Close"按钮，关闭摄像头，如图4-12所示。

图4-12　关闭摄像头

8）单击右上角的"Process Images"按钮，进入图像处理界面进行图像处理，如图4-13

所示。

图 4-13　进入图像处理界面

3. 函数区简介

函数区包含 Image（图像）、Color（彩色图）、Grayscale（灰度图）、Binary（二值图）、Machine Vision（机器视觉）和 Identification（识别）等功能，各功能的函数表见表 4-1 ~ 表 4-6。

表 4-1　Image（图像）功能函数表

选项	含义
Histogram	直方图
Line Profile	线剖面图
Measure	测量
3D View	3D 视图
Brightness	亮度
Set Coordinate System	设置坐标系统
Image Mask	图像屏蔽
Geometry	几何学
Image Buffer	图像缓存
Get Image	打开图像
Image Calibration	图像校准
Calibration from Image	从图像校准
Image Correction	图像校正
Overlay	覆盖
Run LabVIEW	运行 LabVIEW VI

表 4-2　Color（彩色图）功能函数表

选项	含义
Color Operators	彩色运算
Extract Color Planes	抽取彩色平面
Color Threshold	彩色阈值
Color Classification	颜色分类
Color Segmentation	颜色分割
Color Matching	颜色匹配
Color Location	颜色定位
Color Pattern Matching	颜色模式匹配

表 4-3　Grayscale（灰度图）功能函数表

选项	含义
Lookup Table	查找表
Filters	滤波器
Gray Morphology	灰度形态学
FFT Filter	傅里叶滤波器
Threshold	阈值
Watershed Segmentation	分水岭分割
Operator	运算
Conversion	转换类型
Quantify	定量分析
Centroid	质心
Detect Texture Defects	纹理缺陷检测

表 4-4　Binary（二值图）功能函数表

选项	含义
Basic Morphology	基础形态学
Adv Morphology	高级形态学
Particle Filter	粒子过滤
Binary Image Invertion	反转二值图像
Particle Analysis	粒子分析
Shape Matching	形状匹配
Circle Detection	圆检测

表 4-5　Machine Vision（机器视觉）功能函数表

选项	含义
Edge Detector	边缘检测
Find Straight Edge	找直边
Advanced Straight Edge	高级直边
Find Circular Edge	找圆边
Clamp	夹钳
Patter Matching	模式匹配
Geometric Matching	几何匹配
Contour Analysis	轮廓分析
Shape Detection	形状分析
Golden Template Comparison	金板比对
Caliper	卡尺

表4-6 Identification（识别）功能函数表

选项	含义
OCR/OCV	字符识别/字符验证
Particle Classification	零件分类
Barcode Reader	读取一维条码
Data Matrix Reader	读取二维条码
Data Matrix	二维条码
QR Code Reader	读取 QR 二维条码
PDF417 Code Reader	读取 PDF417 堆叠式维条码

五、思考练习题

1. 尝试以 Wi-Fi 连接 myRIO 与计算机，使用视觉助手进行图像采集。

2. 了解函数区中各函数的功能。

任务二　LabVIEW 编程图像采集

LabVIEW编程
图像采集

一、任务概述

本任务将介绍 LabVIEW 中的图像采集函数及其使用方法，通过 myRIO 与摄像头连接实现图像的采集，实现 LabVIEW 编程调用 myRIO 摄像头进行图像采集。

二、任务要求

1. 掌握 NI-IMAQdx 中的图像采集函数。

2. 能够实现连续的图像采集。

三、知识链接

（1）图像采集函数的位置　程序框图→函数→视觉与运动→NI-IMAQdx，如图4-14 所示。NI-IMAQdx 模块中的函数见表4-7。

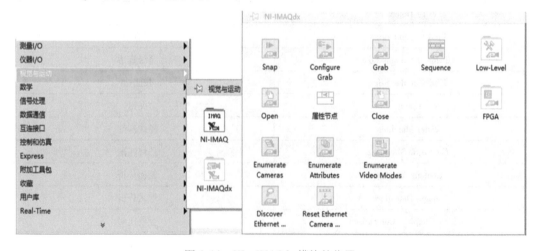

图4-14　NI-IMAQdx 模块的位置

表 4-7　NI – IMAQdx 模块中的函数

名称	函数	功能
Open	Camera Control Mode Session In —————— Session Out error in —————— error out	打开摄像头
Configure Grab	Session In —————— Session Out error in —————— error out	配置摄像头
Snap	Timeout (ms) Session In —————— Session Out **Image In** —————— Image Out error in —————— error out	单帧获取图像
Grab	Timeout (ms) **Session In** —————— Session Out **Image In** —————— Image Out Wait for Next Buffer? (Yes) —————— Buffer Number Out error in —————— error out	连续获取图像
Close	**Session In** —————— error in —————— error out	关闭摄像头

（2）图像缓冲区　图像存储在图像缓冲区中：视觉与运动→ Vision Utilities→Image Management→IMAQ Create。对所有创建的图像缓冲区，IMAQ Dispose VI 用来释放由 IMAQ Create VI 创建的内存数据，如图 4-15 所示。

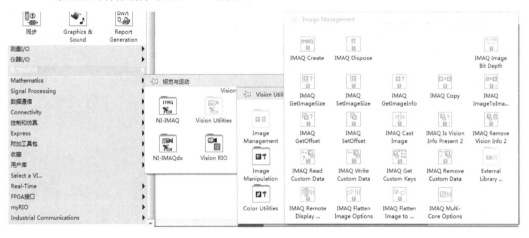

图 4-15　图像缓冲区

创建图像缓冲区需要注意：Image Name（图像名）必须是唯一的，它是此特定内存的名字，这块内存将会被写入或者覆盖多次而不会产生新的内存分配。简单来说，就是对该物理内存的引用，用于储存该图像。IMAQ Create 函数如图 4-16 所示。

IMAQ Dispose VI 应当在图像不再需要时调用。如果一幅图像从子 VI 传递到主 VI，若在子 VI 中调用了 IMAQ Dispose VI，将会释放该图像数据，那么主 VI 就无法获取图像的内存数据，该图像就无法再被处理或者显示。IMAQ Dispose 函数如图 4-17 所示。

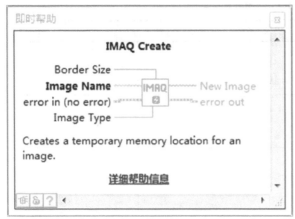

图 4-16　IMAQ Create 函数　　　　　　　　图 4-17　IMAQ Dispose 函数

四、 任务实施

1．编程思路

本任务的目标是实现图像的连续采集，因此，应熟悉 LabVIEW 中的图像采集函数。要实现图像采集，首先应打开并配置摄像头，创建采集图像所需的缓冲区。因为要实现连续采集，所以需要使用 While 循环使程序持续运行，在 While 循环内建立采集函数即可。程序停止后，需要将摄像头关闭，以防止其被占用和释放资源。图像连续采集流程图如图 4-18所示。

2．编程步骤

1）进行摄像头的初始化，即打开摄像头。选择摄像头，然后进行摄像头的配置，同时新建一个名为"test"的缓冲区，如图 4-19 所示。

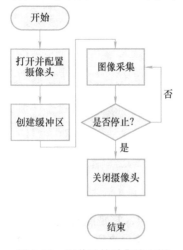

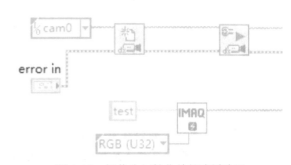

图 4-18　图像连续采集流程图　　　　　　　　图 4-19　摄像头初始化并新建缓冲区

2）建立一个 While 循环，在里面放置"IMAQdx Snap vi"进行连续图像采集。在前面板的函数面板 Vision 中新建一个"Image Display"显示控件进行图像的显示，如图 4-20所示。

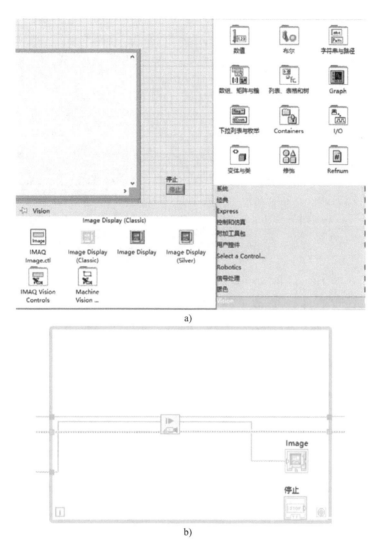

图 4-20　图像采集和显示

3）关闭摄像头，释放资源，如图 4-21 所示。

图 4-21　关闭摄像头

3. 图像连续采集程序框图

图像连续采集程序框图如图 4-22 所示。

4. 运行调试

单击"运行"按钮，移动摄像头，观察 Image 控件，如图 4-23 所示。

五、思考练习题

1. 尝试加入延时功能，实现每隔 1s 采集一张图像。

2. 尝试新建三个图像显示控件，连续采集三张图像并分别显示在三个图像显示控件中。

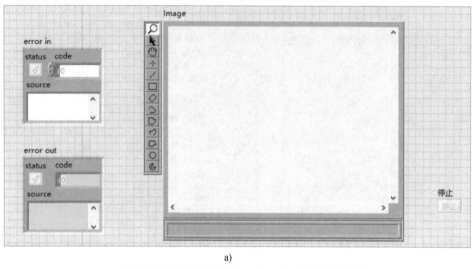

a)

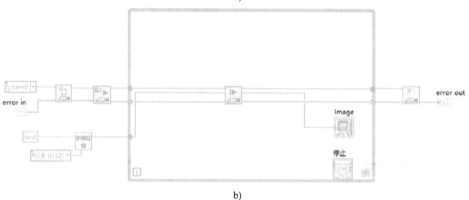

b)

图 4-22　图像连续采集程序框图

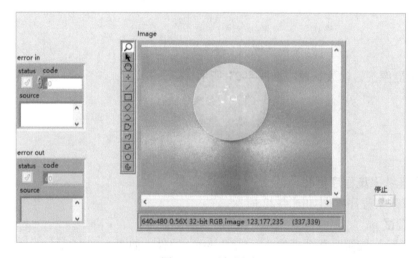

图 4-23　运行调试

任务三 颜色识别

一、 任务概述

在技能竞赛中，常常需要识别出一个物体的颜色。本任务将介绍如何进行颜色识别，同时获取所识别物体的坐标。

颜色识别

二、 任务要求

1. 了解图像的基础知识。

2. 掌握颜色识别的原理。

3. 掌握物体颜色的识别方法。

三、 知识链接

1. 图像基础知识

数字图像是指以数字方式存储的图像。将图像在空间上离散，量化存储每一个离散位置的信息，就可以得到最简单的数字图像。

（1）像素 像素是构成数字图像的基本单位，如像素为 600×300，即横向有 600 个像素、纵向有 300 个像素，其中左上角为原点 $(0, 0)$，向右为 x 正方向，向下为 y 正方向。

根据每个像素代表的信息，可将图像分为彩色图像、灰度图像和二值图像。

1）彩色图像：每个像素由 R、G、B 三个分量表示，每个通道的默认取值范围为 $0 \sim 255$。

2）灰度图像：每个像素只有一个采样颜色的图像，通常显示为从最暗黑色到最亮白色的灰度，通道默认取值为 $0 \sim 255$。

3）二值图像：每个像素点只有两种可能：0 代表黑色，1 代表白色。

（2）图像的属性 一幅数字图像有三个基本属性：分辨率、清晰度和平面数量。

1）分辨率：每英寸图像内的像素点数量。图像的分辨率越高，其包含的像素就越多，图像就越清晰，但同时也会增加文件占用的存储空间。

2）清晰度：图像可看度的数量。对于给定位深度为 n 的图像，图像清晰度为 $2n$，这意味着一个像素可以有 $2n$ 个不同的值。

3）平面数量：相当于组成图像的像素数组的数量。例如，灰度图或二值图是由一个平面组成的，彩色图像是由三个平面组成的。

2. 彩色图像分割 （颜色识别）

基于目标颜色的彩色图像分割常有色彩阈值处理和色彩分割两种方法。色彩阈值处理可以对图像在色彩空间中的三个分量分别进行阈值处理，并返回一个 8 位的二值图像。色彩分割则通过对比图像中各像素的色彩特征与其周围像素的色彩特征，或对比其与经训练得到的色彩分类器信息，将图像按色彩分割成不同的标记区域。色彩阈值处理常用于从图像中分割仅有某一种颜色的目标；色彩分割则常用于从杂乱的背景中标记出具有多种颜色的目标，并对其进行机器视觉检测或计数。

四、 任务实施

1. 颜色识别方法

在本任务中，需要对一个球体进行颜色识别并获取面积与坐标信息，这里采用色彩阈值处理的方法进行颜色识别。首先，使用 NI 视觉助手获取图像，然后进行阈值处理，选择合适的色彩空间模式，调节三个分量阈值。完成阈值调节后，图像会出现不同程度的背景干扰，此时需要进行粒子处理，使图像尽可能地完整，最后通过粒子分析得到其坐标和面积信息。生成 LabVIEW 代码，参考之前学过的 LabVIEW 编程图像采集方法，修改程序实现图像的连续采集。颜色识别程序流程如图 4-24 所示。

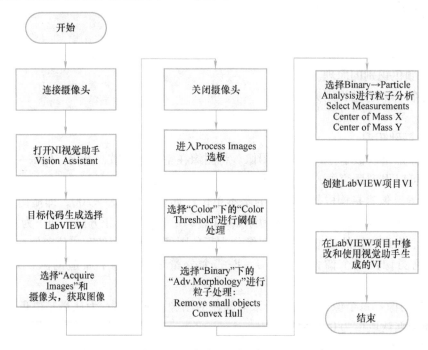

图 4-24 颜色识别程序流程

2. 实施步骤

（1）采集彩色图像 参考视觉助手的使用方法，用摄像头采集彩色图像。

（2）彩色阈值处理 对彩色图像的三个平面应用阈值进行处理，并将结果放置在一幅 8 位的图像中。通过 Red、Green、Blue 三个参数设置恰当的阈值，从而对彩色图像进行二值化处理，实现所要识别目标物体和背景的区分。

1）选择 Color→Color Threshold 进行阈值处理，如图 4-25 所示。

2）调节 Red、Green 和 Blue 三个参数，设置恰当的阈值，从而对彩色图像进行二值化处理，如图 4-26 所示。

① 选中需要识别的目标物体。

② 利用图像显示框实现目标物体和多余背景的初步分离。

③ 调整上限和下限的范围，使其处于黑色区域内。

图 4-25 色彩阈值处理

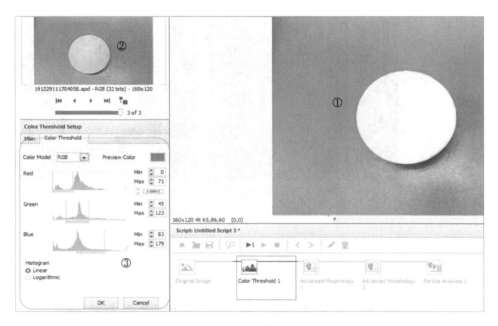

图 4-26　阈值调节

Color Model：颜色空间模式，有 RGB、HSL、HSV 和 HSI 等选项。Preview Color：预览颜色。Green/Saturation：绿色/饱和度。Blue/Luminance/Value/Intensity：蓝色/亮度/值/强度。Histogram：直方图。

（3）粒子处理　对经过阈值处理后的图像进行处理，进一步减少背景对目标物体干扰。

1）选择"Binary"→"Adv. Morphology"进行粒子处理，如图 4-27 所示。

2）选择"Remove small objects"去除小目标，如图 4-28 所示。

3）选择"Binary"→"Adv. Morphology"→"Convex Hull"，对目标物体内部的小坑进行填充，如图 4-29 所示。

（4）粒子分析　分析出目标物体的各种数据，如中心坐标及面积等。

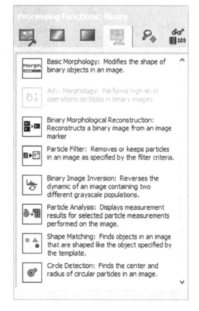

图 4-27　选择"Adv. Morphology"

选择"Binary"→"Particle Analysis"进行粒子分析，单击"Select Measurements"按钮，选择"Center of Mass X"和"Center of Mass Y"即可得到坐标，如图 4-30 所示。

（5）在视觉助手中创建 LabVIEW 程序

1）在视觉助手上方菜单栏上单击"Tools"→"Create LabVIEW VI"，如图 4-31 所示。

2）选择视觉助手的脚本，然后单击"Next"进行下一步操作，如图 4-32 所示。

3）选择图像资源，这里选择"Image Acquisition（摄像头获取图像）"，如图 4-33 所示。

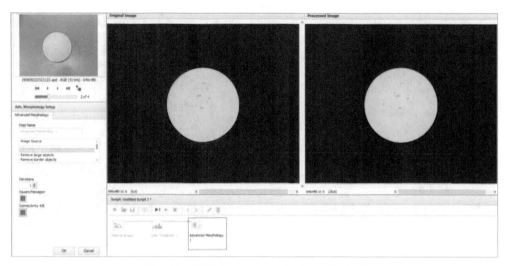

图 4-28　选择"Remove small objects"选项

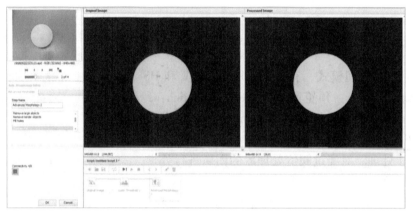

图 4-29　选择"Convex Hull"

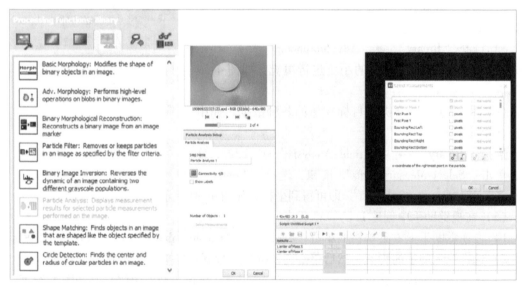

图 4-30　粒子分析参数选择

a) b)

图 4-31 创建 LabVIEW 程序

图 4-32 选择脚本

4）勾选前面板中的输入及显示控件，单击"Finish"按钮即可生成 LabVIEW 程序，如图 4-34 所示。

（6）连续图像采集与生成的程序结合 由于生成的程序只能进行一次图像采集，因此需要加入连续图像采集代码（参考 LabVIEW 编程图像采集知识点）。同时在前面板中新建一个用于显示原图像的显示控件。完整的颜色识别程序如图 4-35 所示。

3. 运行调试

1）编写完程序后单击"运行"按钮，在摄像头前放置一个红色的球，观察两个显示控件，如图 4-36 所示。

注意：如果处理后的显示控件没有显示内容，则右键单击显示控件，选择"Palette"→"Binary"，如图 4-37 所示。

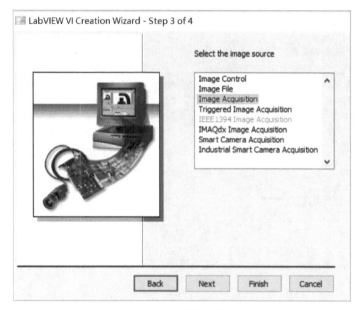

图 4-33　选择图像资源

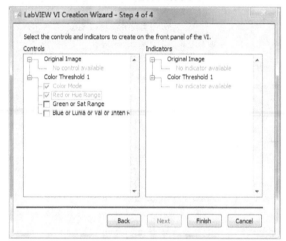

图 4-34　选择输入及显示控件

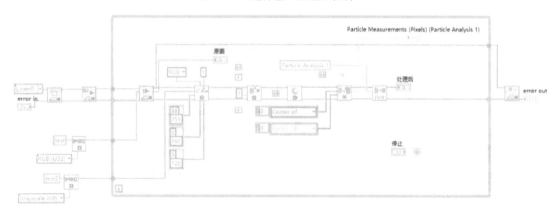

图 4-35　完整的颜色识别程序

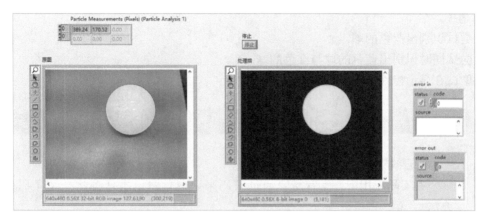

图 4-36 测试结果（一）

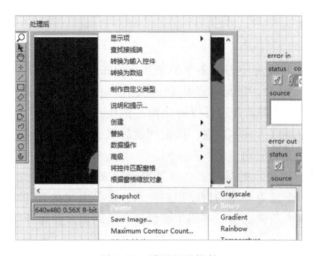

图 4-37 设置显示控件

2）在摄像头前放置一个蓝色的球与一个红色的球，观察两个显示控件，如图 4-38 所示。

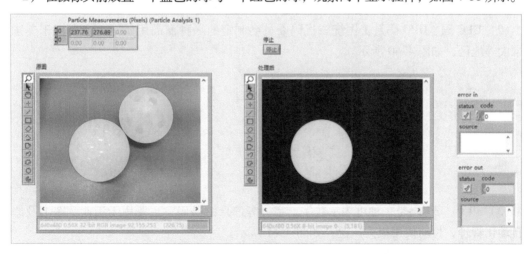

图 4-38 测试结果（二）

五、 思考练习题

1. 尝试识别出蓝色的球。

2. 尝试同时识别出蓝色的球与红色的球。

3. 尝试在显示控件中圈出识别出颜色的球。

<h1 style="text-align:center">任务四　条码识别</h1>

条码识别

一、 任务概述

在实际应用中，常常需要通过条码来获取信息。本任务将介绍条码的识别方法。

二、 任务要求

掌握一维条码的识别方法。

三、 知识链接

1. 条码

条码（barcode）是将宽度不等的多个黑条和空白按照一定的编码规则进行排列，用于表达一组信息的图形标识符。常见的条码是由反射率相差很大的黑条（简称条）和白条（简称空）排成的平行线图案。条码可以标出商品的生产国、制造厂家、名称、生产日期、图书分类号和邮件起止地点等许多信息，因而在商品流通、图书管理、邮政管理和银行系统等许多领域都得到了广泛的应用。

条码技术是在计算机技术的基础上产生并发展起来的一种广泛应用于工业生产过程控制、交通运输、包装和配送等领域的自动识别技术，最早出现在 20 世纪 40 年代。

条码自动识别系统由条码标签、条码生成设备、条码识读器和计算机等组成。

2. 常用的一维条码

（1）ENA 码　EAN 码是国际物品编码协会制定的一种商品用条码，全世界通用。EAN 码符号有标准版（EAN－13）和缩短版（EAN－8）两种，我国的通用商品条码与其等效，日常购买的商品包装上所印的条码一般就是 EAN 码，如图 4-39 所示。

（2）UPC 码　UPC 码是美国统一代码委员会制定的一种商品用条码，主要用于美国和加拿大等地区，如图 4-40 所示。

a) ENA－13码

b) EAN－8码

图 4-39　ENA 码

图 4-40　UPC 码

（3）39 码　39 码是一种可表示数字、字母等信息的条码，主要用于工业、图书及票证的自动化管理，目前使用极为广泛，如图 4-41 所示。

（4）Code 93 码　Code 93 码与 39 码具有相同的字符集，但它的密度要比 39 码高，所以在面积不足的情况下，可以用 Code 93 码代替 39 码，如图 4-42 所示。

（5）Codabar 码　Codabar 码可表示数字和字母信息，主要用于医疗卫生、图书情报和物资等领域的自动识别，如图 4-43 所示。

图 4-41　39 码

图 4-42　Code 93 码

图 4-43　Codabar 码

（6）Code 128 码　Code 128 码可表示 ASCII 0 ~ ASCII 127 共计 128 个 ASCII 字符，如图 4-44 所示。

（7）Industrial 25 码　Industrial 25 码只能表示数字，有两种单元宽度。每个条码字符由五个条组成，其中两个为宽条，其余为窄条。这种条码的空不表示信息，只用来分隔条，一般取与窄条相同的宽度，如图 4-45 所示。

图 4-44　Code 128 码

4-45　Industrial 25 码

四、 任务实施

1. 编程思路

本任务要求实现一维条码的识别，并对一维条码进行图像采集。由于一维条码的识别需要使用灰度图，因此将 RGB 图像转换成灰度图，然后直接使用视觉助手中"Barcode Reader"函数即可实现一维条码的识别，代码生成后与连续图像采集程序结合即可。一维条码识别程序流程如图 4-46 所示。

2. 编程步骤

1）利用摄像头采集彩色图像。

2）颜色提取。条码的识别需要在灰度图像的条件下进行，即匹配前先进行颜色提取，可提取三种原色中的一种，使其从彩色图像变为灰度图像。单击"Color"中的"Color Plane Extraction（颜色提取）"，如图 4-47 所示。

3）一维条码识别。单击"Identification"中的"Barcode Reader"即可完成一维条码的自动识别，如图 4-48 所示。

Barcode Type：一维条码类型，其中包含 Codabar、39、Code 93、Code 128、EAN－8、EAN－13、Interleaved2of5、MSI UPCA、Pharmacode 和 GSI Data Bar （ RSS Limited） 等格式。

Validate：选择校验和代码。当条码类型是 Codabar、39 或 Interleaved2of5 时，在条码中可能包含这种校验和代码，但大多数情况下是不包含的，如果包含，则可以将这些选项使能。

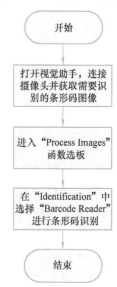

图 4-46　一维条码识别程序流程

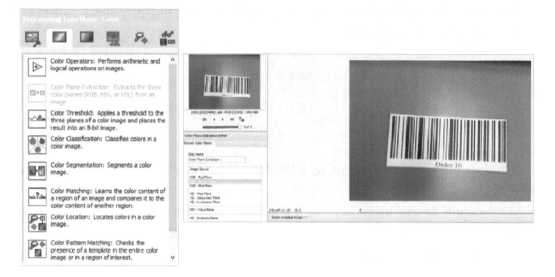

图 4-47　颜色提取

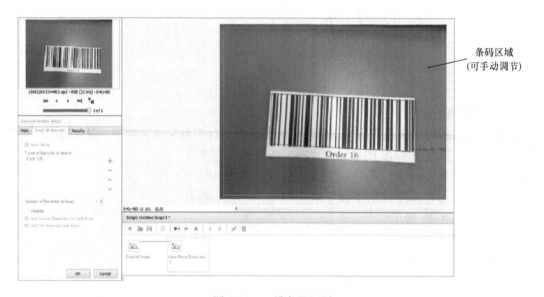

图 4-48　一维条码识别

Add Special Characters to Code Read：添加专用字符到条码中。当使用 Codabar、Code 128、EAN－8、EAN－13 和 UPCA 条码时，可以使用此选项添加专用字符。

Add Checksum to Code Read：添加校验和到条码。使能时，将添加校验和到条码。

Minimum Score：最小分值。条码有效的最小值，取值范围为 0 ~ 1000。为了计算分值，函数会权衡竖条和间隔相对于字符尺寸的错误。

Region Profile：区域剖面图。

Code Read：读取的条码。

4）程序整合。图像处理完成后，使用视觉助手创建 LabVIEW 程序，然后与连续图像采集程序结合，即可识别条码。完整的条码识别程序框图如图 4-49 所示。

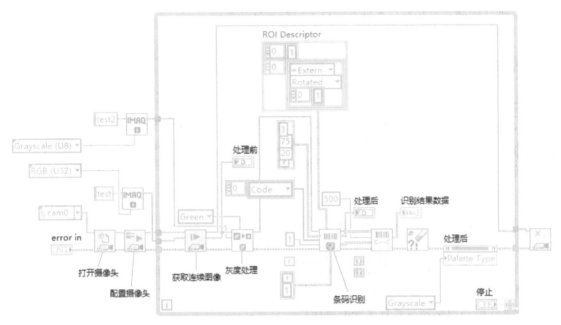

图 4-49　完整的条码识别程序框图

3. 运行调试

编写完程序后单击"运行"按钮，在摄像头前放置一个一维条码，观察显示控件，若"Complete Data"成功显示出条码信息，则说明编程成功；如果无法显示，则重新拍照采样进行图像处理，如图 4-50 所示。

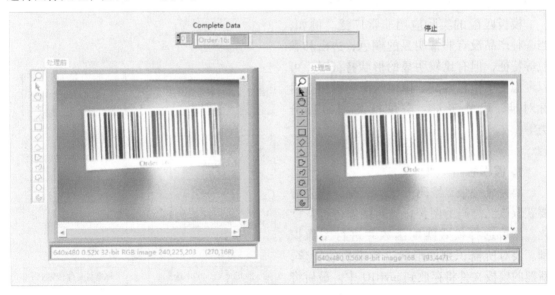

图 4-50　条码识别

五、 思考练习题

1. 尝试存储记录识别出来的条码信息。

2. 尝试去除乱码信息。

3. 尝试把题目1和题目2结合，且不记录重复的条码。

任务五　形状识别

形状识别

一、任务概述

在实际应用中，常常需要对图像进行定位、测量和检查等操作，此时可以通过形状来进行图像识别，从而快速完成任务。本任务将使用模式匹配函数，进行二维码形状的识别，从而介绍模板匹配思路和图像处理模块的使用方法。

二、任务要求

1. 掌握模板匹配思路。

2. 掌握图像处理模块的使用方法。

三、知识链接

模式也叫模型（model）、模板（template），模板匹配可以快速定位一个灰度图像区域，这个灰度图像区域与一个已知的参考模式是匹配的。模板是图像中特征的理想化表示形式。模板匹配在机器视觉领域具有重要的应用。

基本思路：模板匹配使用的是一种对比原理，即将被测目标与模板进行比较，根据相似程度来判断是否有目标存在。使用模板匹配时，首先应创建一个模板，这个模板代表所要搜索的目标；然后，机器视觉应用程序会在采集到的每个图像中搜索该模板，并计算每个对象的匹配分值，这个分值表示找到的匹配对象与模板的相似程度。该分值的取值范围为 0 ~ 1000 分，分值越高，表示匹配对象与模板越相似，1000 分表示完美匹配，通常只有在提取模板的图像中才会出现 1000 分。分值是模板匹配中的一个重要参数。

模板匹配的实际应用非常广泛。例如，当一种产品没有非常明显的颜色、边沿和颗粒等特征，但比较明显的形状特征时，可以考虑使用模板匹配。模板匹配常常用于目标对准、尺寸测量、质量检测和目标分类等。

四、任务实施

1. 编程思路

要完成一个二维码形状的识别，首先需要获取该二维码的图像，应对图像进行灰度化，然后选择模式匹配函数并进行图像识别。要对所需识别的形状进行模板的新建，新建的模板文件将存放到 myRIO 中，最后将在 NI 视觉助手中处理的步骤生成 LabVIEW 代码，与连续图像采集程序结合，即可实现二维码形状的识别。二维码形状识别程序流程如图 4-51 所示。

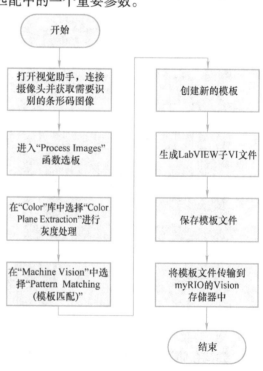

图 4-51　二维码形状识别程序流程

2. 编程步骤

（1）使用摄像头采集彩色图像

（2）颜色提取　模板匹配需要在灰度图像的条件下进行，即匹配前先进行颜色提取，可提取三种原色中的一种，使其从彩色图像变为灰度图像，如图 4-52 所示。

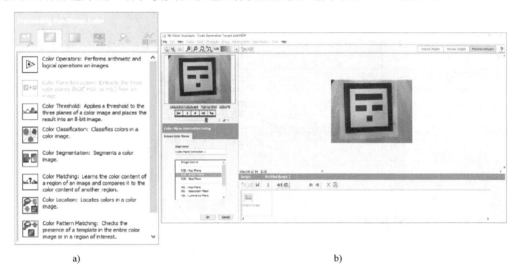

a)　　　　　　　　　　　　　　　　b)

图 4-52　颜色提取

（3）模板匹配

1）单击"Machine Vision" → "Pattern Matching（模板匹配）"，然后单击"New Template"新建模板，如图 4-53 所示。

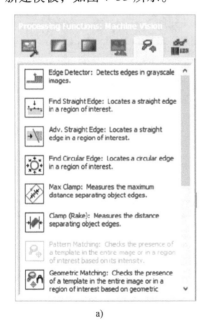

a)　　　　　　　　　　　　　　　　b)

图 4-53　模板匹配

2）框选所需识别模板所在的位置，单击"完成"按钮，保存模板文件。成功创建所需识别模板后，即可单击"完成"按钮，如图4-54所示。

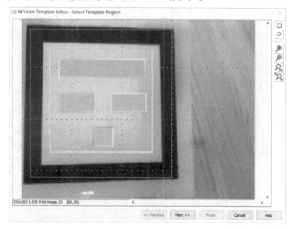

图4-54 新建模板

3）选择配置好的模板图像进行匹配，如图4-55所示。

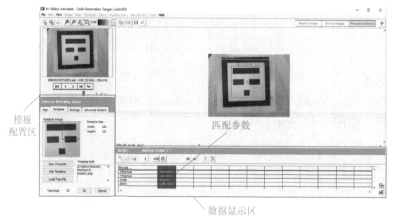

图4-55 模板匹配

4）使用视觉助手完成识别，如图4-56所示。

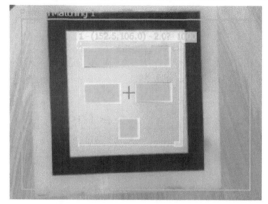

a)

b)

图4-56 匹配信息

（4）程序结合 在视觉助手中直接创建 LabVIEW 程序，与连续图像采集程序结合，即可得到完整的形状识别程序，如图 4-57 所示。

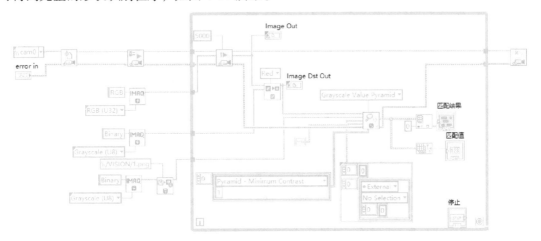

图 4-57 完整的形状识别程序

由于需要在 myRIO 上运行程序，因此应注意以下两点：

1）应在项目管理器中把程序添加到 myRIO 中。把模板文件传输到 myRIO 的存储器中，打开 "NIMAX" → "文件传输" → "VISION" 文件夹，把模板文件放到 "VISION" 文件夹中，如图 4-58 所示。

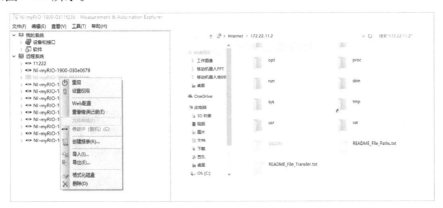

图 4-58 将程序添加到 myRIO 中

注意：若单击 "文件传输" 以网页形式打开，在 myRIO 上进行 "Legacy FTP Server" 的安装即可，如图 4-59 所示。

2）应将模板文件添加到 myRIO 中，而且应在程序框图中把模板文件路径改成 myRIO 相对应的路径。

3. 运行调试

编写完程序后单击 "运行" 按钮，在摄像头前放置一个二维码，观察显示控件，若识别到错误的二维码，则匹配值为 0；若识别到正确的二维码，则匹配值为 1，如图 4-60 所示。

图 4-59　myRIO 软件安装

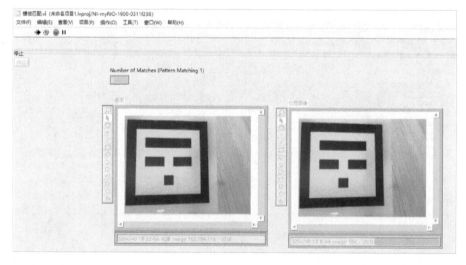

图 4-60　识别成功

五、知识拓展

在工业环境中，如果图形背景可控，将图像的减法运算和阈值化处理相结合，可以快速有效地建立机器视觉系统。如果将同一目标在不同时间拍摄的图像或在不同波段的图像相减，即可获得图像的差影。图像差影可用于动态监测、运动目标的检测与跟踪、图像背景的消除及目标识别等。差影技术还可以用于消除图像中不必要的叠加图像，将混合图像中的主要信息分离出来。

使用图像减法运算进行缺陷检测的原理较为简单，但要直接使用它进行缺陷检测，则对参与运算的图像要求非常严格，在现实中，任何图像错位、图像畸变、图像灰度变化或噪声都会影响利用图像减法运算进行缺陷检测的结果。黄金模板比较正是基于图像减法运算，综合应用图像对准、投影畸变矫正、灰度差异处理以及忽略部分边缘等措施，在实际工业环境中进行目标缺陷检测的一种方法。它通过离线或者在线为图像匹配和黄金模板比较创建公用模板，能有效地检测并标记被测目标图像中的缺陷。

六、 思考练习题

1. 尝试新建两个或两个以上不同的模板进行形状识别。

2. 编程实现识别图形码的功能，首先创建三个不同所需识别的模板，在摄像头前放置图形码时，能自动识别出图形码代表的信息。

3. 尝试使用形状识别方法进行球类识别。

项目五
电动机控制

在日常生活中，直流电动机的使用非常普遍，城市电车、地铁和一些智能机器人均需要用到直流电动机。直流电动机是电动机的主要类型之一，由于其具有良好的调速性能，因此，在许多调速性能要求较高的场合得到了广泛使用。舵机是一种位置或角度伺服驱动器，其适用于那些角度需要不断变化并可以保持的控制系统。

本项目将对舵机的 PWM 控制、带编码器直流电动机的开环和闭环控制等进行逐一的介绍。

任务一　舵机的 PWM 控制

一、任务概述

舵机的PWM控制

本任务使用 myRIO 对舵机进行控制，并利用 LabVIEW 编程通过改变频率和占空比来改变舵机的转动角度，从而使学生掌握 PWM 信号的应用，通过调节 PWM 占空比或频率使舵机转动。

二、任务要求

1. 了解舵机的基本原理以及电路的连接方式。
2. 掌握 PWM 信号的应用，通过调节 PWM 占空比或频率使舵机转动。

三、知识链接

1. 脉冲宽度调制（PWM）

脉冲宽度调制是一种模拟控制方式，它通过相应载荷的变化来调制晶体管基极或 MOS 管栅极的偏置来实现晶体管或 MOS 管导通时间的改变，从而实现开关稳压电源输出的改变。这种方式能使电源的输出电压在工作条件变化时保持恒定，是利用微处理器的数字信号对模拟电路进行控制的一种非常有效的技术，广泛应用于从测量、通信到功率控制与变换的许多领域中。

（1）基本原理　其控制方式是对逆变电路开关器件的通断进行控制，使输出端得到一系列幅值相等的脉冲，用这些脉冲来代替正弦波所需要的波形。也就是在输出波形的半个周期中产生多个脉冲，使各脉冲的等值电压为正弦波形，所获得的输出平滑且低次谐波少。按一定的规则对各脉冲的宽度进行调制，即可改变逆变电路输出电压的大小，也可改变输出频率。

（2）占空比　占空比是指在输出的 PWM 中，高电平保持的时间与该 PWM 的时钟周期之比，即占空比 = 脉宽（高电平时间）/周期。例如，一个 PWM 的频率是 1000Hz，那么它的时钟周期就是 1ms，即 1000μs，如果高电平保持的时间是 200μs，那么低电平的保持时间是 800μs，则占空比就是 200∶1000，即 1∶5。PWM 波形如图 5-1 所示。

2. 舵机

舵机（又称伺服电动机，Servo Motor，图5-2）是一种位置（角度）伺服的驱动器，适用于角度或速度需要不断变化并可以保持的控制系统。舵机可以将电压信号转化为转矩和转速信号以驱动控制对象，从而准确控制速度和位置精度。舵机内部有一个基准电路，可产生周期为20ms、高电平宽度为1.5ms的基准信号，这个位置其实是舵机转角的中间位置。通过比较信号线的PWM信号与基准信号，内部的电动机控制板得出一个电压差值，将这个差值加到电动机上控制舵机转动。控制舵机的高电平范围为0.5～2.5ms，其中0.5ms为最小角度，2.5ms为最大角度。

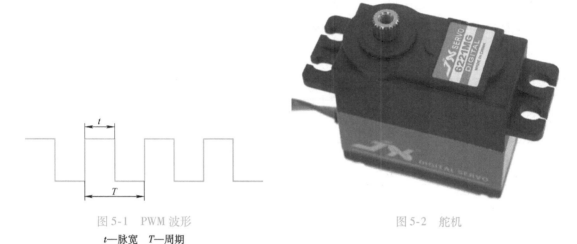

图5-1　PWM波形　　　　　　　　　　　　　　图5-2　舵机

t—脉宽　T—周期

舵机按照转动角度可分为角度舵机和速度舵机。

（1）角度舵机（又称180°舵机）　角度舵机能根据指令在0°～180°之间精确地运动。超过这个范围，舵机就会出现超量程故障，轻则打坏齿轮，重则烧坏舵机电路或者舵机内部的电动机。

180°舵机的转动是由PWM信号控制的，当脉冲宽度（简称脉宽）为0.5～2.5ms时，可控制其转向保持在某一角度，其中脉宽＝占空比/频率。

因为脉宽跨度与角度存在以下线性关系：0.5ms—0°，1.0ms—45°，1.5ms—90°，2.0ms—135°，2.5ms—180°，所以可以推出2.0ms宽度内脉宽与180°转向角度的关系：角度＝（脉宽－0.5）×180°/2。

（2）速度舵机（又称360°舵机）　速度舵机是由一个普通的直流电动机与一个电动机驱动板组合而成的，其转动方式和普通电动机类似，所以它只能连续旋转，无法控制转动角度，但可以控制其转动方向和速度。

360°舵机是由PWM控制其旋转速度和方向的，500～1500μs（不含1500μs）的PWM控制其正转，值越小，旋转速度越大；1500～2500μs（不含1500μs）的PWM控制其反转，值越大，旋转速度越大；1500μs的PWM控制其停止。注意：每台舵机的中位可能不一样，有些舵机可能是由1520μs的PWM控制其停止的，所以需要实际测试舵机的中位。

四、任务实施

1. 连接电路

舵机与myRIO的电路接线图如图5-3所示。

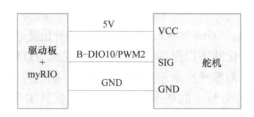

图 5-3　电路接线图

这里使用的舵机角度范围是 180°，其高电平保持时间为 0.5 ~ 2.5ms。舵机通常有三根线，分别为电源 VCC、GND 和信号线 SIG，信号线此处接 B/PWM2，即 B - DIO10。

本任务使用的硬件系统中，除了使用 B - DIO10 作为信号引脚外，还预留了三路舵机接口，见表 5-1。

表 5-1　myRIO 舵机接口

编号	信号引脚 IO	备注
1	B - DIO10/PWM2	用于摄像头视角控制
2	B - DIO9/PWM1	预留，通过跳线帽选择预留还是接入蜂鸣器
3	C - DIO3/PWM0	预留
4	C - DIO7/PWM1	预留

2. 编程思路

因为舵机的转动是由 PWM 信号控制的，所以只需要确定频率的大小，即可计算出周期。在周期不变的情况下，可通过改变占空比的大小来改变脉宽，从而达到改变舵机旋转角度的目的。舵机控制程序流程如图 5-4 所示。

3. 编程步骤

1）选择 myRIO PWM 快速 VI 模块，在参数界面中对通道及频率进行配置。这里使用的是频率为 100Hz 的 PWM 波形，如图 5-5 所示。

2）模块创建完成后，需要使用输入控件控制占空比，因此，在前面板上创建一个滑动杆来控制占空比，以方便观察实验现象。已知舵机高电平保持时间为 0.5 ~ 2.5ms，设置的频率为 100Hz，因此舵机占空比为 0.05 ~ 0.25。

3）在程序中添加 While 循环，使程序持续运行；同时，在程序最后加上 reset 函数，令 myRIO 复位。

舵机控制程序图如图 5-6 所示。

图 5-4　舵机控制程序流程

4. 运行调试

程序编写完成后单击"运行"按钮，舵机首先会根据滑动杆的初始位置转动此角度，在 0.05 ~ 0.25 范围内滑动滑动杆，舵机会根据滑动杆的角度而转动。

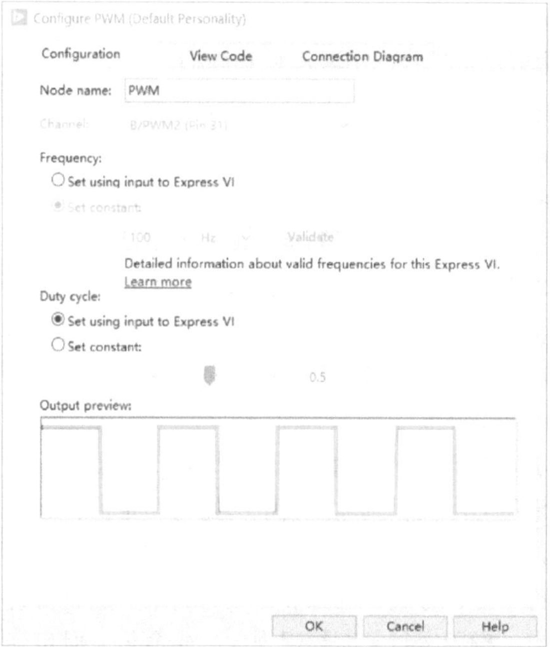

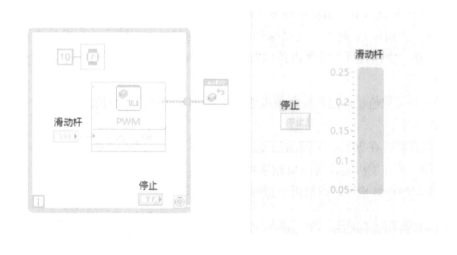

图 5-5　配置通道及频率

图 5-6　舵机控制程序图

五、知识拓展

舵机的种类

电液舵机通常由电液伺服阀、作动筒和反馈元件等部分组成。其中，电液伺服阀由力矩电动机和液压放大器组成；作动筒（又称液压筒或液压缸）由筒体和运动活塞等部分组成。目前，操纵船舶航向的方法因船舶装备情况的不同而异，应用较普遍的是利用装在船尾的舵来操纵船舶的航行方向。完整的操舵装置称为舵机，其中，电液舵机的使用量最大。

现行的电液舵机转舵机构主要有三种结构类型：摆缸式、转叶式及拨叉式。

1）摆缸式转舵机构主要包括双作用液压缸和舵柄，其中液压缸、舵柄以及船体采用铰接的连接方式。舵柄安装在舵轴上，可以将液压缸活塞的直线运动通过舵柄转换为舵轴的旋转运动，从而控制舵叶的角度，达到控制船舶航向的目的。

对船舶来说，随着转舵角的增大，其所需克服的转舵力矩是不断增加的，因此，摆缸式转舵机构的力矩匹配特性非常差。在加工制造方面，要求液压缸缸体与活塞有较高的同轴度和低的表面粗糙度值，对端面密封以及活塞密封的要求均较高。实际使用过程中，一旦铰接点磨损较大，机构在工作中就会出现撞击。此外，为适应缸体的摆动，必须采用口径较大的高压软管。但摆缸式结构的外形较小、质量轻、布置灵活，在中小转矩范围内仍有广泛应用。

2）转叶式转舵机构直接与舵轴安装在一起，类似于液压马达直接安装在驱动轴上，不需要舵柄，如果工作油液压力不变，其输出转舵力矩为一定值，与转舵角无关。转叶式舵机具有易于集成、安装方便以及转角范围宽等优点，但其加工制造精度要求高、密封技术较为复杂。通常密封条有两种类型：金属密封条和橡胶密封条。金属密封条摩擦力小、使用寿命长，但包容性和顺应性差；橡胶密封条摩擦阻力大、寿命短，但包容性和顺应性较好，现在已经有企业开发出将两者融合起来的复合密封条。长期以来，受制于密封问题，转叶式转舵机构只能适应中低油压工作，一般应用于中小型舵机，但随着密封技术的进步，正逐步向大型舵机拓展。

3）拨叉式转舵机构主要由单作用液压缸、柱塞和舵柄等组成，柱塞在工作油液的作用下，利用滚轮（或滑块），将直线运动通过舵柄转化为舵轴的旋转运动。拨叉式转舵机构具有易于加工制造、密封性好、方便维护以及工作可靠等众多优点，只是外形尺寸稍大。

六、 思考练习题

1. 编程：通过数值输入控件控制角度输入，即 0°～180°，进而控制 PWM 占空比，使舵机旋转相应的角度。

2. 实现角度舵机在 30°～90°间的往复转动。

3. 把摄像头装在舵机上，与串口超声波结合，实现串口超声波检测距离越远，摄像头抬得越高；串口超声波检测距离越近，摄像头抬得越低。

任务二　直流电动机开环调速

直流电动机
开环调速

一、 任务概述

本任务主要介绍控制直流电动机速度与方向的方法。

二、 任务要求

1. 掌握直流电动机的驱动方法。

2. 掌握直流电动机的控制原理。

3. 通过改变 PWM 占空比来控制电动机转速。

三、知识链接

1. 直流电机

直流电机是指能将直流电能转化为机械能（直流电动机）或将机械能转换为直流电能（直流发电机）的旋转电机。通常情况下，直流电机特指直流电动机（图5-7）。直流电动机主要由定子和转子构成。给直流电动机通以正向电压时，电动机正转；通以反向电压时，电动机反转。可以通过改变电动机两端电压的大小来改变其转速。

2. 电动机驱动

由于控制器输出的控制信号不足以直接驱动电动机转动，通常使用H桥来"放大"控制器输出的电压，其电路结构如图5-8所示。

图5-7　直流电动机

H桥是一种电子电路，可使其连接的负载或输出端两端电压反相/电流反向。这类电路可用于机器人及其他实际应用场合中直流电动机的顺反向控制、转速控制及步进电动机控制（双极型步进电动机必须包含两个H桥的电动机控制器），电能变换中的大部分直流 – 交流变换器（如逆变器及变频器）、部分直流 – 直流变换器（推挽式变换器）等，以及其他的功率电子装置。H桥的工作原理如下：

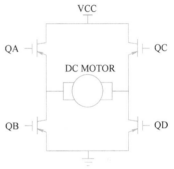

图5-8　H桥的电路结构

1）当QA和QD导通、QB和QC截止时，电动机左端电动势高、右端电动势低，忽略场效应管的导通压降，此时电动机两端有VCC电压，电动机正转。

2）当QA和QD截止、QB和QC导通时，电动机左端电动势低、右端电动势高，忽略场效应管的导通压降，此时电动机两端有反向的VCC电压，电动机反转。

注意：同一侧的两个场效应管不能同时导通，否则会造成电源短路。

H桥的控制主要有近似方波控制、脉冲宽度调制（PWM）和级联多电平控制三种类型。

1）近似方波控制：输出波形比正负交替方波多了一个零电平（3 – level），谐波成分大为降低。其优点是开关频率较低；缺点是谐波成分高，滤波器的成本高。

2）脉冲宽度调制（PWM）：分为单极性和双极性PWM。随着开关频率的升高，输出电压、电流波形趋于正弦曲线，谐波成分减少，但高的开关频率带来了一系列问题：开关损耗大、电动机绝缘压力大、发热等。

3）级联多电平控制：采用级联H桥的方式，使在同等开关频率下谐波失真降到最小，甚至不需要用滤波器，即可获得良好的近似正弦输出波形。

四、任务实施

1. 搭建电路

myRIO与电动机驱动电路接线图如图5-9所示。其中，四路电动机分别编号为M1、M2、M3和M4。所使用的硬件系统经过电路调理后，控制电动机的软件设计难度已经大大降低。从图中可以看出，如果只有示意图的后半部分，显然会增加软件设计难度，因为一个电动机需要由两路PWM控制；而经过电路处理后，只需一个普通IO进行方向控制和一个调速PWM口，即可实现电动机的方向和转速控制。四路电动机的速度测量装置——四路编码器则直接连接到 myRIO 原本设计的相应编码器接口，也降低了软件的设计难度。

电动机驱动电路的 IO 分配表见表 5-2。

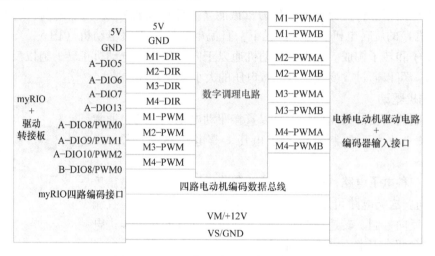

图 5-9　myRIO 与电动机驱动电路接线图

表 5-2　电动机驱动电路的 IO 分配表

电动机编号	PWM 调速	DIO 方向控制	编码器接口
M1	A – DIO8/PWM0	A – DIO5	A – ENCA A – ENCB
M2	A – DIO9/PWM1	A – DIO6	B – ENCA B – ENCB
M3	A – DIO10/PWM2	A – DIO7	C – ENC0A C – ENC0B
M4	B – DIO8/PWM0	A – DIO13	C – ENC1A C – ENC1B

2. 编程思路

本任务需要对直流电动机进行开环调速，选择 PWM 控制方式进行电动机的控制，在连接好硬件系统后，配置 PWM 频率，通过占空比控制电动机转速，选择对应的数字信号输出口对电动机转向进行控制。电动机控制程序流程如图 5-10 所示。

3. 编程步骤

1）创建一个 myRIO 项目，在程序框图界面右键单击 "myRIO" → "Default" → "PWM" ，并设置通道为 A/PWM0（27），此控件是对 low level（底层函数）的综合运用（即快速 VI），设置 Frequency（频率）为 20000，在 Duty Cycle（占空比）中创建一个输入控件（可在前面板上创建一个滑动杆），此时可通过改变占空比来改变电动机转速。因在机器人 PCB 中对 PWM 做了取反操作，故实际控制需要做减 1 的操作。

2）在程序框图界面右键单击 "myRIO" → "Default" → "Digital output" ，设置通道口为 A/DIO5（Pin21），创建一个布尔输入控件（方向控制）连接至 A/DIO5（Pin21），

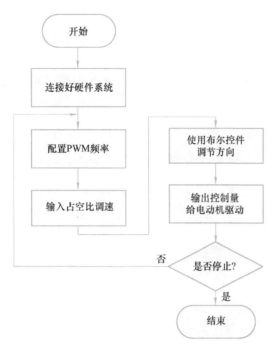

图 5-10　电动机控制程序流程

布尔输入控件初始值为"F"，则为低电平。最后加一个 While 循环。

3）在 While 循环外建立 reset 函数，通过错误簇与 Digital Output 快速 VI 进行连接，此 reset 函数的作用是在 While 循环结束后使 myRIO 复位。

直流电动机开环控制程序框图如图 5-11 所示。

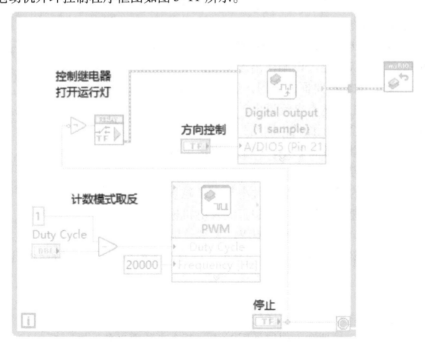

图 5-11　直流电动机开环控制程序框图

4. 运行调试

连接好电路后单击"运行"按钮，移动滑动杆，电动机转动速度随着占空比的增大而增大，占空比的范围为 0 ~ 1。要使电动机反向运转，只需要在前面板上切换方向控制控件的值，即可实现高、低电平的方向变换。直流电动机控制调试界面如图5-12所示。

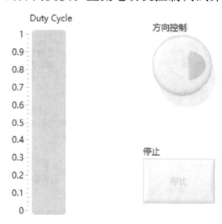

图 5-12　直流电动机控制调试界面

五、 知识拓展

直流发电机

直流发电机和直流电动机在结构上没有差别。直流发电机是用其他机器带动，使其导体线圈在磁场中转动，不断地切割磁感线，产生感应电动势，从而把机械能转变成电能。

直流发电机由静止部分和转动部分组成。静止部分叫定子，它包括机壳和磁极，磁极用来产生磁场。转动部分叫转子，也称电枢，电枢铁心呈圆柱状，由硅钢片叠压而成，表面冲有槽，槽中放置电枢绕组。

图5-13所示为发电机原理图。当线圈 abcd 沿逆时针方向旋转时，根据右手法则判别，线圈中的感应电流 i 从 a 经过电刷输出给负载，然后流入 d，形成闭合回路。由于换向器的作用，保证线圈 cd 在最上方时，上方的电刷中仍然有电流流出，从而保证不论线圈 abcd 旋转到什么位置，上面的电刷均为正极。

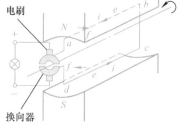

线圈和换向器的滑片数目越多，产生的直流电脉动就越小，但这也给制造带来了困难。

直流发电机产生的感应电动势的大小与定子磁场的磁感应强度和电枢的转速成正比。中小型直流发电机输出的额定电压并不高，为 115V、230V、460V。大型直流发电

图 5-13　发电机原理图

机输出的额定电压在800V左右，输出更高电压的直流发电机属于高压特殊机组的范畴，其应用较少。

六、 思考练习题

1. 控制两个直流电动机实现不同的转向和转速。

2. 实现由一个速度控件和方向控件同时控制两个直流电动机。

3. 在进行电动机转速控制的基础上，加上方向控制。设置滑动杆的范围为 −1 ~ 1，电

动机转速随着滑动杆数值（绝对值）的增大而增加，且当滑动杆数值大于 0 时，电动机正转；滑杆数值小于 0 时，电动机反转。

任务三　直流电动机 PID 速度闭环控制

一、任务概述

直流电动机PID
速度闭环控制

生活中经常会用到 PID 控制，小到一个家用温控系统的温度控制，大到无人机飞行姿态和飞行速度的控制等，都可以使用 PID 控制。本任务主要介绍 PID 的定义和原理等。

二、任务要求

1. 了解光电编码器的结构和工作原理。

2. 掌握直流电动机 PID 速度闭环控制。

三、知识链接

1. 编码器

（1）编码器（Encoder）的功能　编码器是对信号（如比特流）或数据进行编制，转换为可用于通信、传输和存储的信号形式的设备。编码器把角位移或直线位移转换成电信号，前者称为码盘，后者称为码尺。编码器一般用于在普通直流电动机的轴端采集旋转角度。

（2）编码器的主要分类

1）按码盘的刻孔方式，可分为增量型和绝对值型。增量型编码器每转过单位角度就发出一个脉冲信号（也可发正、余弦信号，然后对其进行细分，斩波出频率更高的脉冲），通常为 A 相、B 相、Z 相输出，A 相、B 相为相互延迟 1/4 周期的脉冲输出，根据延迟关系可以区别正反转，而且通过取 A 相、B 相的上升和下降沿，可以进行 2 或 4 倍频；Z 相为单圈脉冲，即每圈发出一个脉冲。绝对值型编码器对应一圈，每个基准的角度发出唯一与该角度对应的二进制数值，通过外部记圈器件可以进行多个位置的记录和测量。

2）按信号的输出类型，分为电压输出、集电极开路输出、推拉互补输出和长线驱动输出等。

3）按编码器的机械安装形式，可分为有轴型和轴套型。有轴型又可分为夹紧法兰型、同步法兰型和伺服安装型等，轴套型又可分为半空型、全空型和大口径型等。

4）按编码器的工作原理，可分为光电式、磁电式和触点电刷式等。

5）按读数方式，可分为接触式和非接触式。

（3）编码器的工作原理　编码器有一个中心有轴的光电码盘，其上有环形的通、暗刻线，由光电发射和接收器件读取，获得四组正弦波信号并组合成 A、B、C、D，每个正弦波相差 90° 的相位差（相对于一个周波为 360°），将 C、D 信号反向，叠加在 A、B 两相上，可增强稳定信号；另外，每转输出一个 Z 相脉冲以代表零位参考位。

由于 A、B 两相相差 90°，可通过比较 A 相在前还是 B 相在前，来判别编码器的正转与反转；通过零位脉冲，可获得编码器的零位参考位。编码器码盘的材料有玻璃、金属和塑料等，玻璃码盘是在玻璃上沉积很薄的刻线，其热稳定性好、精度高；金属码盘直接以通和不通刻线、不易碎，但由于金属有一定的厚度，使精度受到限制，其热稳定性要比玻璃码盘低一个数量级；塑料码盘是经济型的，成本低，但精度、热稳定性及寿命均要差一些。

编码器每旋转 360°所能提供的通或不通刻线的数量称为分辨率，也称为解析分度，或直接称多少线，每转分度一般为 5～10000 线。

在 myRIO 的电动机控制中，通常认为编码器编码的速度等同于电动机的转速，因为两者之间存在线性关系，所以编码的速度不换算成电动机的转速也不影响 PID 速度调节。本任务使用的电动机已经带有光电式编码器，故不需要另行准备。

2. 开环与闭环控制

开环控制系统（Open – loop Control System）是指被控对象的输出（被控制量）对控制器（Controller）的输出没有影响的控制系统。在这种控制系统中，不需要将被控制量反送回来以形成任何闭环回路。开环控制框图如图 5-14 所示。

闭环控制系统（Closed – loop Control System）的特点是系统被控对象的输出（被控制量）会反送回来影响控制器的输出，形成一个或多个闭环。闭环控制系统有正反馈和负反馈之分，若反馈信号与系统给定值信号相反，则称为负反馈；若极性相同，则称为正反馈。一般闭环控制系统均采用负反馈，因此又称负反馈控制系统。闭环控制框图如图 5-15 所示。

图 5-14　开环控制框图　　　　　　　　图 5-15　闭环控制框图

例如，人体就是一个具有负反馈的闭环控制系统，眼睛等感觉器官是传感器，充当反馈，人体系统能通过不断修正来做出各种正确的动作。如果没有眼睛等感觉器官，就没有了反馈回路，也就成了一个开环控制系统。

3. PID 控制

当今的闭环自动控制技术都是基于反馈的概念来减少不确定性。反馈理论的要素包括三个部分：测量、比较和执行。通过测量可得到被控制量的实际值，与目标值相比较，用这个偏差来纠正系统的响应，执行调节控制，目的是使被控制量稳定在目标值范围内。当所采集到的被控制量实际值低于目标值时，调节器输出增大；当采集到实际值高于目标值时，调节器输出减小。

在工程实际中，应用最为广泛的调节器控制规律为比例（Proportion）、积分（Integration）和微分（Differentiation）控制，简称 PID 控制，又称 PID 调节。其表达式为

$$u(t) = K_p e(t) + K_i \int_0^t e(t)\,\mathrm{d}t + K_d \frac{\mathrm{d}e(t)}{\mathrm{d}t}$$

式中，$e(t)$ 为误差值，$e(t)=$ 目标速度 – 当前速度；$K_p e(t)$ 为比例调节；$K_i \int_0^t e(t)\,\mathrm{d}t$ 为积分调节；$K_d \dfrac{\mathrm{d}e(t)}{\mathrm{d}t}$ 为微分调节。

对于直流电动机，普通的 PWM 调节只能粗调电动机转动的开关和快慢，不能使电动机达到指定的转速，也不能使电动机保持转速恒定。而这两点 PID 调节都可以做到。

（1）比例（P）控制　比例控制是一种最简单的控制方式，其控制器的输出与输入误差

信号成比例关系。

例如，编码器的当前速度为20m/s，设定速度为50m/s。电动机转速控制量为PWM。这时如果设定P为0.1，那么，输出的PWM则为当前PWM+0.1×20。

"P"表示"倍数"，是指将偏差放大多少倍。单独使用比例控制的缺点是：会导致出现误差，且误差保持不变。图5-16所示为P控制与误差关系图。

（2）积分（I）控制　I表示积分运算。若系统只采用P控制，则会产生误差；I控制的积分运算是把这些误差累加起来，累加到一定的大小就进行处理，以防止系统误差的累积。

可见，PI组合控制能够消除误差。一般来说，直流电动机的控制使用PI控制已经足够。但是，其他系统只使用PI控制则存在一个问题——超调。图5-17所示为PI控制与误差关系图。

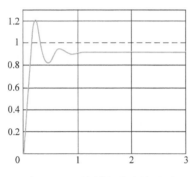

图5-16　P控制与误差关系图

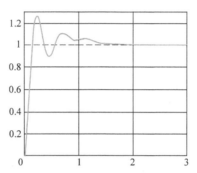

图5-17　PI控制与误差关系图

（3）微分（D）控制　I控制是对变量进行求导，以得到一个量的变化率。PID的微分部分能将变量的变化率纳入计算中。使用PID组合控制能减少超调，使系统加快进入稳态。图5-18所示为PID控制与误差关系图。

4. LabVIEW 中的 PID 函数

在LabVIEW中，利用PID.vi即可搭建一个简单的PID控制器。图5-19所示为PID函数。

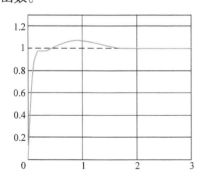

图5-18　PID控制与误差关系图

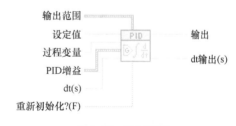

图5-19　PID函数

PID函数主要用到的接线端如下：

1）输出范围：经PID计算后输出值的输出范围。

2）设定值（Setpoint）：实际期望值。

3）过程变量（Process Variable）：也称系统反馈值，即实际输入量。

4）PID 增益（PID Gains）：输入的是比例 P、积分 I 和微分 D 的参数值。

5）dt（s）：微分时间，单位为秒（s），即每次进行 PID 计算的间隔时间。

6）输出（Output）：经过 PID 计算后的输出量。

5. 速度环 PID 闭环控制

速度闭环控制是指使电动机保持一定速度平稳运行，且当设定速度突变时，响应能很快跟随目标值。图 5-20 所示为使用 PID 控制器控制电动机，从而实现速度闭环控制。

图 5-20　速度闭环控制

使用 PID 控制器进行速度闭环控制，其中设定值为期望速度，即目标速度；过程变量为电动机的实际速度，即编码速度；输出量为 PWM 占空比；输出范围为 PWM 控制范围；控制周期为循环时间。

6. 定时循环

定时循环是指根据指定的循环周期顺序执行一个或多个子程序框图或帧。在开发支持多种定时功能的 VI、精确定时、循环执行时返回值、动态改变定时功能或者多种执行优先级等情况下，可以使用定时循环。图 5-21 所示为定时循环结构。

图 5-21　定时循环结构

四、任务实施

1. 连接电路

电动机闭环控制电路图如图 5-22 所示。硬件系统与直流电动机开环调速中的电路搭建一致，具体内容详见直流电动机开环调速部分中搭建电路的内容。

2. 编程思路

了解 PID 算法后，使用 LabVIEW 中的 PID 函数即可实现速度环 PID 闭环控制。在连接好硬件系统后，建立定时循环，同时设定循环时间，读取电动机当前编码值，求出编码速

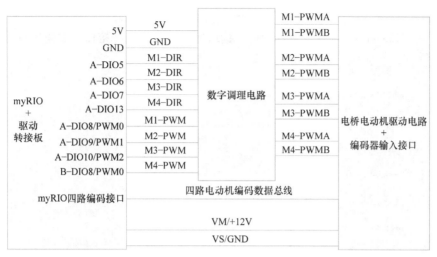

图 5-22　电动机闭环控制电路图

度；此时，新建一个输入控件作为设定值，过程变量为编码速度；最后经 PID 调节后输出占空比来控制电动机。速度环 PID 闭环控制流程如图 5-23 所示。

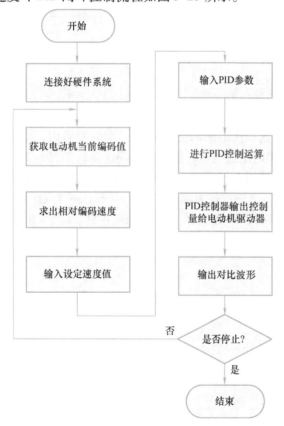

图 5-23　速度环 PID 闭环控制流程

3. 编程步骤

1）创建定时循环。可以在设定的循环周期内读取编码器的值，这里的循环周期为 10ms。

2）新建"Encoder"函数（快速 VI），读取编码计数，选择接口与编码器计数方法，如图 5-24 所示。

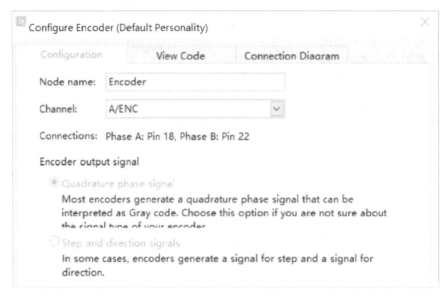

图 5-24　编码器设置

编码器计数方法有两种：第一种是每转一圈计数为 ×4，第二种是每转一圈计数为 ×1。本任务选择第一种方法。

3）通过反馈节点令这一次的编码值减去上一次的编码值，得到单个循环 10ms 内转过的编码数，等于单位时间内走过的编码值，即编码速度，如图 5-25 所示。

4）进行 PID 调节。使用 LabVIEW 中自带的 PID 函数，函数中的微分时间应与定时循环的周期一致，均为 10ms，过程变量为编码速度。由于 Duty Cycle 的范围是 0 ~ 1，再加上方向，输出范围设定为 –1 ~ 1，0 ~ 1 表示直流电动机正转，–1 ~ 0 表示直流电动机反转，如图 5-26 所示。

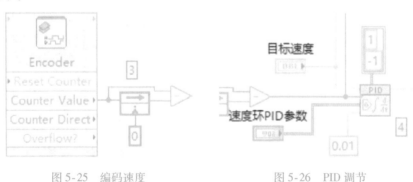

图 5-25　编码速度　　　　　　　　　图 5-26　PID 调节

5）在前面板中新建一个波形图表控件，使用捆绑函数将目标速度与目前编码速度捆绑在一起进行显示，可以直观地对两者进行比较，便于调节 PID。

6）判断进行 PID 计算后所得值的正负：若为正值，则直接输出到 PWM；若为负值，则代表电动机的旋转方向与目标方向相反，应转换电动机的旋转方向。

7）Digital output 函数选择 A/DIO5（Pin21）和 A/DIO6（Pin23），控制电动机的旋转方向，如图 5-27 所示。

8）PWM 函数（快速 VI）频率设置为"20000"，PID 函数输出端控制 PWM 输出，如图 5-28 所示。

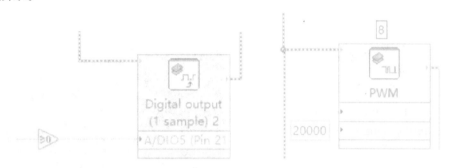

图 5-27　电动机旋转方向控制　　　　图 5-28　PWM 输出控制

9）在定时循环外建立 reset 函数，通过错误簇与 PWM 快速 VI 进行连接，在程序结束后使 myRIO 复位。

完整的速度环 PID 控制程序框图如图 5-29 所示。

图 5-29　完整的速度环 PID 控制程序框图

注意：白色为目标速度，红色为实际速度。

4. 运行调试

1）准备好硬件材料，按图 5-21 搭建好电路。

2）编写并运行程序。

3）当电动机能成功运行后，调节不同的 PI 值。

注意：速度环 PID 调节中只需要对 PI 值进行调节。

① 确定比例系数K_p。首先令 I 和 D 为零，将目标值（目标速度）设定为电动机速度最大值的 60%～70%。K_p 由 0 开始，以 0.01 为单位逐渐增大，直至系统出现振荡；再反过来，从当前值逐渐减小，直到振荡消失。记录此时的比例系数K_p，设定 PID 的比例系数K_p为当前值的 60%～70%。

② 确定积分时间常数T_i。先设定一个较大的积分时间常数T_i，然后逐渐减小T_i，直至系统出现振荡；然后再反过来，逐渐增大T_i，直至系统振荡消失。记录此时的T_i，设定 PID 的积分时间常数T_i为当前值的 150%～180%。

③ 在系统空载和负载联调情况下对 PID 参数进行微调，直到满足性能要求为止。

4）观察实验现象，记录并思考。最终结果如图 5-30 所示。

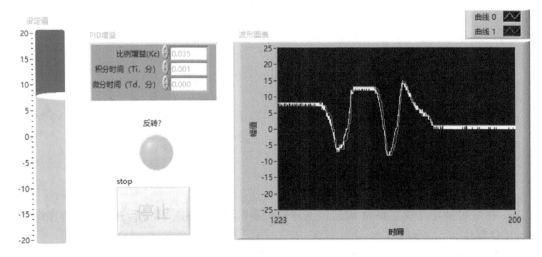

图 5-30　速度环 PID 调试结果

五、　思考练习题

改变循环周期，查看速度环 PID 闭环控制的效果。

任务四　直流电动机 PID 位置闭环控制

直流电动机PID
位置闭环控制

一、　任务概述

学生在学习完速度环 PID 控制后，便可以通过 PID 控制直流电动机的速度。但有时需要让电动机转动若干编码值后自动停下来，单靠速度环 PID 控制是实现不了的，此时需要使用位置环 PID 控制。

二、　任务要求

掌握直流电动机 PID 位置闭环控制技术。

三、　知识链接

位置闭环控制主要用于使电动机驱动轮子走到某个位置。通过 PID 算法控制位置环 PID，使电动机在转动预设的编码值后自动停下。如图 5-31 所示，位置环 PID 控制速度环 PID，输出量为速度，通过速度环 PID 控制电动机，实现串级 PID 闭环。

其中，电动机驱动轮子所走的距离可使用电动机的编码值表示。例如，需要轮子走10m，经测试得出轮子走 1m 为 300 个编码，则当电动机编码值达到 3000 时，轮子走了10m。

位置环 PID 控制实现了串级闭环控制，其中设定值为目标位置，即目标编码值，过程变量为当前电动机编码值，输出量为电动机速度，输出范围为电动机速度范围，控制周期为循

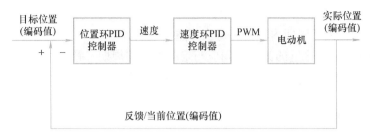

图 5-31 位置环 PID 闭环控制

环时间。

四、任务实施

1. 编程思路

本任务中，需要完成位置环 PID 闭环控制，可在速度环 PID 调节的基础上，编写位置环 PID 闭环控制程序。在连接好硬件系统后，建立定时循环，同时设定循环时间，读取电动机当前编码值，求出编码速度；此时，新建一个输入控件作为设定值，过程变量为编码速度；最后经 PID 调节后输出占空比来控制电动机。位置环 PID 闭环控制程序流程如图 5-32 所示。

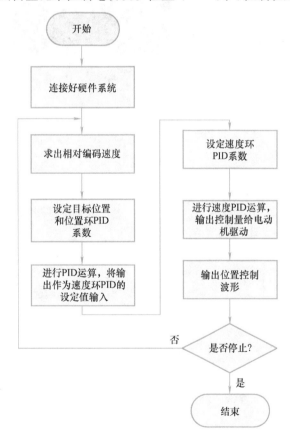

图 5-32 位置环 PID 闭环控制程序流程图

2. 编程步骤

以速度环 PID 闭环控制程序为基础，编程步骤如下：

1）读取编码值。位置环 PID 需要累计编码值,用于表示所走的距离,其为位置环 PID 的过程变量,所以在循环周期内不需要每次都重置编码计数。

2）进行 PID 调节。这里的微分时间应与定时循环的周期一致,均为 10ms。由于位置环 PID 输出为速度,因此将其范围设定为 0 ~ 10,再加上方向,输出范围设定为 – 10 ~ 10,将输出速度作为速度环 PID 的设定值。

3）使用捆绑函数将目标位置与目前的编码值捆绑在一起进行显示,可在波形图表内进行直观的比较,便于调节 PID。

3. 位置环 PID 控制前面板和程序框图

位置环 PID 控制前面板和程序框图如图 5-33 所示。

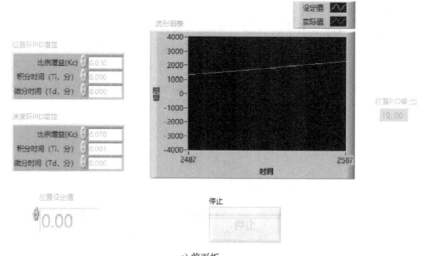

a) 前面板

b) 程序框图

图 5-33 位置环 PID 控制前面板和程序框图

4. 运行调试

1）准备好硬件材料,按图 5-22 搭建好电路。

2）编写并运行程序。

3）当电动机能成功运行后,调节不同的 P 值。注意:位置环 PID 调节中只需要对 P 值进行调节。

要确定比例系数K_p，首先令 I 和 D 为零，将目标位置设定为 1000。K_p由 0 开始，以 0.01 为单位逐渐增大，观察波形图表，若临近目标时速度变慢，则说明比例增益太小；若临近目标值时机身抖动，当前编码值不断在设定值之间变化，则说明比例增益过大。调节到满足性能要求为止，记录此时的比例系数K_p。

4）观察实验现象，记录并思考。调试结果如图 5-34 所示。

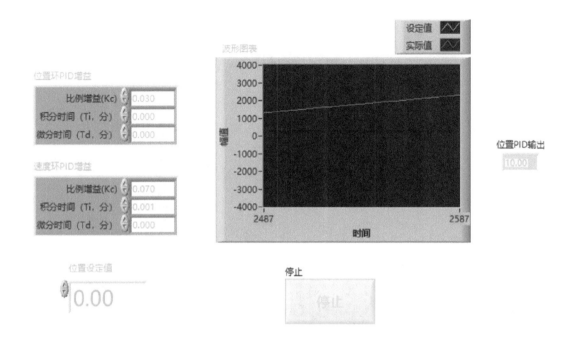

图 5-34　位置环 PID 闭环控制调节结果

五、知识拓展

使用 PID 调节时，出现波动是正常现象。但如果波动剧烈，上下抖动过大的话，则说明 PID 的参数调节存在问题。下面是 PID 参数整定时常用的口诀。调节前，先初步选取一组误差不太大的数据，然后根据如下口诀慢慢调节：

参数整定找最佳，从小到大顺序查。

先是比例后积分，最后再把微分加。

曲线振荡很频繁，比例度盘要放大。

曲线漂浮绕大弯，比例度盘往小扳。

曲线偏离回复慢，积分时间往下降。

曲线波动周期长，积分时间再加长。

曲线振荡频率快，先把微分降下来。

动差大来波动慢，微分时间应加长。

理想曲线两个波，前高后低四比一。

一看二调多分析，调节质量不会低。

六、 思考练习题

1. 尝试调节速度环 PID 和位置环 PID 的三个参数，使其能够速度平稳地到达指定位置。

2. 编程实现控制电动机正向运动 1000 个编码值，然后反向运动 1000 个编码值，最后停止。

3. 编程实现控制电动机以 5m/s 的速度正向运动 1000 个编码值，等待 5s 后，以 10m/s 的速度反向运动 500 个编码值。反复运动，要求电动机运动平稳。

项目六
带通信协议设备的应用

通信协议又称通信规程或链路控制规程，它是通信双方关于数据传送控制的一种约定。约定中包含对数据格式、同步方式、传送速度、传送步骤、检错方式以及控制字符定义等问题做出的统一规定，通信双方必须共同遵守。

常见的通信协议有 Modbus（已成为一种工业标准）、ODBC（用于访问网络数据库）、OPC（作为应用程序）、UART（用于上下位机的数据传输）、RS－485（用于与外部各种工业设备进行信息传输和数据交换）、SPI（用于 ADC、LCD 等设备与 MCU 之间）和 I2C（用于连接微控制器及其外围设备）等。

本项目主要介绍 UART、SPI 和 I2C 通信协议。

任务一　　UART（串口超声波模块）的应用

一、任务概述

串口作为微控制单元（MCU）的重要外部接口，同时也是软件开发中重要的调试手段，其重要性不言而喻。本任务将使用 myRIO，通过 US－100 超声波模块来介绍串口的使用方法。

UART
（串口超声波）

二、任务要求

1. 了解串口的基本内容。

2. 掌握 myRIO 上串口函数的使用方法。

3. 了解串口超声波模块在实际中的应用。

三、知识链接

1. 串口简介

串口是计算机上一种通用的设备通信协议。串口通信是外围设备和计算机之间，通过数据信号线、地线、控制线等，按位进行数据传输的一种通信方式。串口按位（bit）发送和接收字节，尽管比按字节（byte）的并行通信慢，但串口可以在使用一根线（TX）发送数据的同时，用另一根线（RX）接收数据。串口的使用很简单，并且能够实现远距离通信。

串口通信最重要的参数是波特率、数据位、停止位和奇偶校验。对于两个进行通信的接口，这些参数必须匹配。

（1）波特率　　这是一个衡量符号传输速率的参数。常用的波特率有 9600、19200 和 115200 等，其数值不是固定的，只要通信双方都接受即可，只不过在长期的使用过程中，有些值被频繁使用而成为常用值。

（2）数据位　　这是衡量通信中实际数据位的参数。当计算机发送一个信息包时，实际的数据往往不是 8 位的，标准值可以是 6 位、7 位和 8 位，应根据所传送的信息进行设置。

例如，标准的 ASCII 码是 0 ~ 127（7 位），扩展的 ASCII 码是 0 ~ 255（8 位）。如果数据使用简单的文本（标准 ASCII 码），那么每个数据包可使用 7 位数据。

（3）停止位　停止位用于表示单个数据包的最后一位，典型的值为 1 位、1.5 位和 2 位。

（4）奇偶校验　奇偶校验是串口通信中的一种简单检错方式。串口通信中可以没有奇偶检验位。

2. 串口超声波模块

串口超声波模块可以实现 2 ~ 4.5m 的非接触测距功能，拥有 2.4 ~ 5.5V 的宽电压输入范围，静态功耗低于 2mA，自带温度传感器对测距结果进行校正，同时具有 GPIO、串口等多种通信方式，内置看门狗，工作稳定可靠。串口超声波模块如图 6-1 所示。

（1）引脚说明　本模块共有两个接口，即模式选择跳线和 5 Pin 接口。插上跳线帽时为 UART（串口）模式，拔掉跳线帽时为电平触发模式。本任务使用串口模式。5Pin 接口从左到右依次编号 1、2、3、4、5，它们的定义如下：

1 号 Pin：接 VCC 电源（供电范围为 2.4 ~ 5.5V）。

2 号 Pin：当为 UART 模式时，接外部电路 UART 的 TX 端；当为电平触发模式时，接外部电路的 Trig 端。

3 号 Pin：当为 UART 模式时，接外部电路 UART 的 RX 端；当为电平触发模式时，接外部电路的 Echo 端。

图 6-1　串口超声波模块

4 号 Pin：接外部电路的地。

5 号 Pin：接外部电路的地。

（2）相关数据信息

1）在串口模式下，串口配置为波特率 9600，起始位 1 位，停止位 1 位，数据位 8 位，无奇偶校验，无流控制。

2）在串口模式下，只需要在 Trig/TX 引脚输入 0 × 55（波特率 9600），系统便可发出 8 个 40kHz 的超声波脉冲，然后检测回波信号。当检测到回波信号后，模块还要进行温度值的测量，然后根据当前温度对测距结果进行校正，将校正后的结果通过 Echo/RX 引脚输出。输出的距离值共两个字节，第一个字节是距离的高 8 位（HDate），第二个字节是距离的低 8 位（LData），单位为 mm，即距离值为（HData × 256 + LData），单位为 mm。

四、任务实施

1. 电路搭建

串口超声波模块与 myRIO 的电路接线图如图 6-2 所示。

2. 编程思路

本任务通过串口实现对超声波模块的读取。由串口超声波模块相关数据信息可知，只需

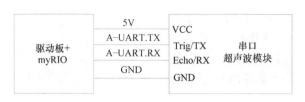

图 6-2 串口超声波模块与 myRIO 的电路接线图

要向超声波模块发送指令 0×55，系统便可发出 8 个 40kHz 的超声波脉冲，即可获取当前距离值。因此，具体流程是首先进行串口配置和初始化，向超声波模块发送指令 0×55，使用延时函数进行延时，延时后读取串口数据并进行数据转换，即可得到串口超声波模块所测的距离值，如图 6-3 所示。

3. 编程步骤

1）串口配置和初始化。在程序框图中放置一个"串口"模块的"VISA 配置串口"函数，对串口进行选择，本任务使用 ASRL1 串口，并将串口的波特率、数据位和停止位等信息配置好，如图 6-4 所示。

2）根据串口超声波模块的介绍，需要对超声波模块发送指令 0×55，然后系统便可发出 8 个 40kHz 的超声波脉冲，然后检测回波信号。因此，需要使用"VISA 写入"函数写入 0×55，由于发送的数据为 16 进制，所以需要将写入的数据格式设置为 16 进制，如图 6-5 所示。然后使用"VISA 读取"函数进行返回信号的读取，由于期间需要发送 8 个 40kHz 的超声波脉冲，因此需要使用延时函数进行 30ms 的延时，如图 6-6 所示。

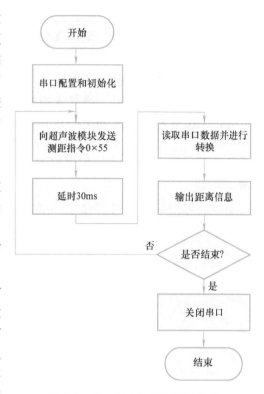

图 6-3 串口超声波模块测距流程

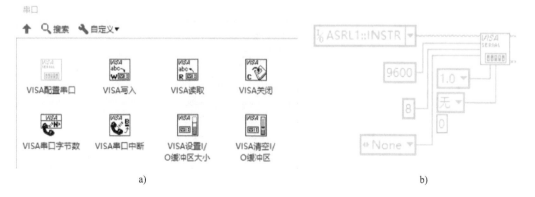

图 6-4 串口配置

3）由于接收到的距离值有两个字节，第一个字节是距离的高 8 位（HDate），第二个字节为距离的低 8 位（LData），单位为 mm，因此需要进行数据转换。使用"字符串至字节数组转换"函数将接收到的第一个字节与第二个字节转换成数组的形式，然后使用"转换为长整型"函数将数据转换成长整型，接着使用"索引数组"函数获取转换后的第一个字节与第二个字节，最后根据公式（HData×256 ＋LData）得到距离值，单位为 mm，如图 6-7 所示。

4）使用"VISA 关闭"函数关闭串口，释放资源；使用 reset 函数对 myRIO 进行复位，如图 6-8 所示。

5）US－100 超声波模块程序框图如图 6-9 所示。

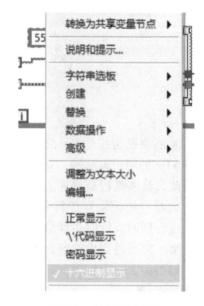

图 6-5　数据格式设置

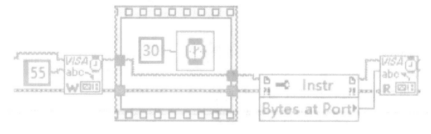

图 6-6　串口函数的发送与接收

图 6-7　数据转换

图 6-8　串口的关闭与 myRIO 的复位

图 6-9　US－100 超声波模块程序框图

4. 运行调试

将串口超声波模块与 myRIO 连接好，启动程序，移动模块的位置，观察实验数据的变化。调试运行结果如图 6-10 所示。

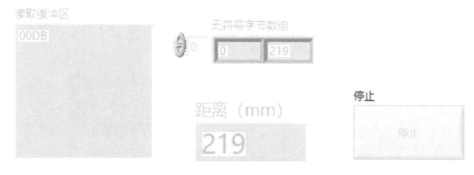

图 6-10　调试运行结果

可以观察到距离会发生变化，为了得到比较准确、稳定的数据，需要进行进一步的计算和滤波。

五、 思考练习题

1. 尝试使用串口超声波模块测出温度。

2. 尝试增加报警功能：当检测到的距离小于 20cm 时，myRIO 上的 LED 灯将闪烁报警。

3. 在题目 2 的基础上，增加记录开始运行到当前时刻的最短距离的功能。

任务二　I2C （陀螺仪） 的应用

一、 任务概述

VR 设备、智能机器人和无人机设备等都应用了姿态传感器，它包括陀螺仪和加速度仪，能有效地获取设备的角度信息及加速度信息。本任务将使用 myR-IO，通过陀螺仪测量角速度和角位移。

I2C （陀螺仪）

二、 任务要求

1. 能够熟练地使用 LabVIEW 编程及 myRIO。

2. 了解 I2C 接口的用法以及 I2C 在 myRIO 中的应用。

3. 掌握陀螺仪的使用方法。

三、 知识链接

1. IIC

集成电路总线（Inter – Integrated Circuit，IIC 或 I2C），是一种简单的双向、二线制、同步串行总线结构，用于连接微控制器及其外围设备。I2C 由两种线组成，分别为串行数据（SDA）线和串行时钟（SCL）线，这两种线在连接到总线的器件间传递信息、提供同步时序。

（1）I2C 的物理拓扑结构　I2C 在物理连接上非常简单，包括 SDA 线、SCL 线及上拉电阻，如图 6-11 所示。通信原理是：通过对 SCL 线和 SDA 线高低电平时序的控制，产生 I2C 协议所需要的信号，从而进行数据的传递。在总线空闲状态下，这两根线一般被上面所接的上拉电阻拉高，保持高电平。

I2C 通信方式为半双工，只有一根 SDA 线，同一时间只可以单向通信；485 也为半双工，SPI 和 uart 为双工。

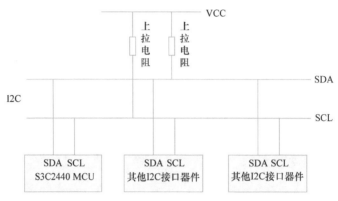

图 6-11　I2C 的物理拓扑结构

（2）I2C 的特征　I2C 上的每一个设备都可以作为主设备或者从设备，而且每一个设备都对应一个唯一的地址（地址通过物理接地或者拉高，可以从 I2C 器件的数据手册中查得，如 TVP5158 芯片，7 位地址依次 bit6 ~ bit0：×101 1××，最低三位可配，如果全部物理接地，则该设备的地址为 0×58，之所以为 7bit，是因为 1 个 bit 要代表方向，即主向从或从向主）。主、从设备之间通过这个地址来确定与哪个器件进行通信。在通常的应用中，把 CPU 带 I2C 接口的模块作为主设备，把挂接在总线上的其他设备都作为从设备。

I2C 上可挂接的设备数量受总线最大电容（400pF）的限制，如果所挂接的是相同型号的器件，则还受器件地址位的限制。I2C 的数据传输速率在标准模式下可达 100kbit/s，快速模式下可达 400kbit/s，高速模式下可达 3.4Mbit/s。一般通过 I2C 接口可编程序时钟来实现传输速率的调整，同时也与所接的上拉电阻的阻值有关。

I2C 上的主设备与从设备之间以字节（8 位）为单位进行双向数据传输。

（3）I2C 协议　I2C 协议规定，总线上数据的传输必须以一个起始信号作为开始条件，以一个结束信号作为停止条件。起始和结束信号总是由主设备产生（这意味着从设备不可以主动通信，所有的通信都是由主设备发起的，主设备可以发出询问的 command，然后等待从设备的通信）。

起始和结束信号产生的条件：总线在空闲状态下，SCL 线和 SDA 线都保持高电平，当 SCL 线为高电平而 SDA 线由高向低跳变时，表示产生一个起始条件；当 SCL 线为高电平，而 SDA 线由低到高跳变时，表示产生一个停止条件。

在起始条件产生后，总线处于忙状态，由本次数据传输的主、从设备独占，其他 I2C 器件无法访问总线；而在停止条件产生后，本次数据传输的主、从设备将释放总线，总线再次处于空闲状态，如图 6-12 所示。

前面已经提到，数据传输是以字节为单位。主设备在 SCL 线上产生每个时钟脉冲的过程中，将在 SDA 线上传输一个数据位，当一个字节按数据位从高位到低位的顺序传输完后，紧接着从设备将拉低 SDA 线，回传给主设备一个应答位，此时才认为一个字节真正被传输完。当然，并不是所有的字节传输都必须有一个应答位，例如，当从设备不能再接收主设备

图 6-12 起始条件与停止条件

发送的数据时，从设备将回传一个否定应答位。数据传输过程如图 6-13 所示。

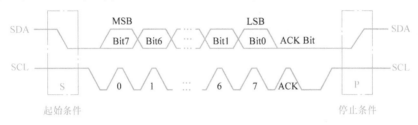

图 6-13 数据传输过程

前面还提到，I2C 上的每一个设备都对应一个唯一的地址，主、从设备之间的数据传输建立在地址的基础上。也就是说，主设备在传输有效数据之前要先指定从设备的地址，指定地址的过程和数据传输过程一样，只不过大多数从设备的地址都是 7 位的，协议规定再给地址添加一个最低位来表示接下来数据传输的方向，0 表示主设备向从设备写数据，1 表示主设备向从设备读数据。向指定设备发送数据的格式如图 6-14 所示。每一最小包数据由 9bit 组成，即 8bit 内容 +1bit ACK；如果是地址数据，则 8bit 内容包含 1bit 方向。

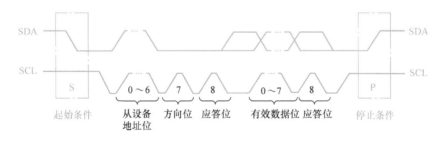

图 6-14 向指定设备发送数据的格式

2. 姿态传感器

姿态传感器是基于微机电系统（MEMS）的高性能三维运动姿态测量系统。它包含三轴陀螺仪、三轴加速度计和三轴电子罗盘等运动传感器，通过内嵌的低功耗 ARM 处理器得到经过温度补偿的三维姿态与方位等数据。利用基于四元数的三维算法和特殊数据融合技术，实时输出以四元数、欧拉角表示的零漂移三维姿态方位数据。本任务使用的 MPU6050 型姿态传感器包含陀螺仪和加速度计。MPU6050 是一种当前非常流行的空间运动传感器芯片，可以获取器件当前的三个加速度分量和三个旋转角速度。由于其体积小、功能强大、精度较高，不仅被广泛应用于工业生产，同时也是航模爱好者的"神器"，被安装在各类飞行器上。

MPU60×0 对陀螺仪和加速度计分别使用三个 16 位的 ADC，将其测量的模拟量转化为可输出的数字量。为了精确跟踪快速和慢速运动，传感器的测量范围都是用户可控的，陀螺仪的测量范围为 ±250°/s、±500°/s、±1000°/s、±2000°/s，加速度计的测量范围为 ±2g、±4g、±8g、±16g。与所有设备寄存器之间的通信均采用 400kHz 的 I2C 接口或 1MHz 的 SPI 接口（SPI 仅用于 MPU6000）。对于需要高速传输的应用，对寄存器的读取和中断可用 20MHz 的 SPI 接口。另外，片上还内嵌了一个温度传感器和在工作环境下仅有 ±1% 变动的振荡器。芯片尺寸为 4mm×4mm×0.9mm，采用无引线方形（QFN）封装，可承受最大 10000g 的冲击，并配有可编程序低通滤波器。关于电源，MPU60×0 支持的 VDD 范围有（2.5±5%）V、（3.0±5%）V 和（3.3±5%）V。另外，MPU6050 还有一个 VLOGIC 引脚，用来为 I2C 输出提供逻辑电平，VLOGIC 电压可取（1.8±5%）V 或者 VDD。

MPU6050 的相关寄存器见表 6-1。

表 6-1 MPU6050 的相关寄存器

寄存器名称	地址	作用和配置
PWR_MGMT_1	6B	配置电源模式。0×00 正常启动
GYRO_CONFIG	1B	配置陀螺仪。0×00 设置陀螺仪为 ±250°/s，不自检，不绕过数字滤波器
CONFIG	1A	相关配置。0×06 完成对 FIFO、引脚滤波和滤波器的设置
SMPLRT_DIV	19	采样率分配。0×07 选择八分频预分频

MPU6050 的相关数据寄存器见表 6-2。

表 6-2 MPU6050 的相关数据寄存器

数据寄存器名称	地址	内容
GYRO_XOUT_H	43	GYRO_XOUT_H[15:8]
GYRO_XOUT_L	44	GYRO_XOUT_L[7:0]
GYRO_YOUT_H	45	GYRO_YOUT_H[15:8]
GYRO_YOUT_L	46	GYRO_YOUT_L[7:0]
GYRO_ZOUT_H	47	GYRO_ZOUT_H[15:8]
GYRO_ZOUT_L	48	GYRO_ZOUT_L[7:0]

四、任务实施

1. 电路搭建

MPU6050 六轴姿态传感器电路接线图如图 6-15 所示。图中的 SCL 口和 SDA 口分别与 myRIO 的 B－DIO14/I2C.SCL（pin32）和 B－DIO15/I2C.SDA（pin34）相连，用于 I2C 串行接口。若需要添加三轴磁力计，可以使用 MPU6050 上的另外两个外接引脚 XDA 和 XCL，连接到磁力计的相应 I2C 接口，即可实现九轴传感器。

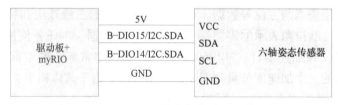

图 6-15 MPU6050 六轴姿态传感器电路接线图

2. 编程思路

要实现姿态传感器的数据读取，首先需要打开和配置 I2C 通信，从而进行姿态传感器的配置。然后通过写入姿态传感器中的相关数据寄存器地址，即可获取姿态传感器的当前数据，经过数据处理后，即可获得角速度信息，编程流程如图 6-16 所示。

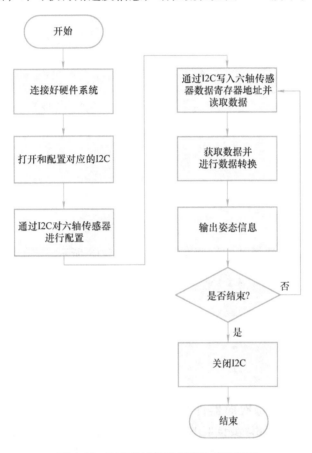

图 6-16 姿态传感器数据读取编程流程

3. 编程步骤

1）打开和配置 I2C。在"Open. vi"的输入端建立常量数组，选择 I2C 管脚；然后在"Configure. vi"中新建常量数组，选择"Standard mode（100kbps）"。因为需要写入多个寄存器的值，所以采用 For 循环加数组自动索引的形式，如图 6-17 所示。

注意：MPU6050 的数据写入和读出均通过其芯片内部的寄存器实现，这些寄存器的地址都是 1 个字节，也就是 8bit 的寻址空间。

2）由于输入给寄存器的值是地址，因此需要修改数值常量（或数组常量）的显示格式。正常情况下，数值常量为 ![图标] or ![图标]，需要右键单击数值常量，选择"属性"，在"外观"中勾选"显示基数" ![图标] 显示基数；然后在"数据类型"里选择表示法为"无符号单字节整型" ![图标]；最后在"显示格式"中选择类型为"十六进制"，勾选右侧的"使用最

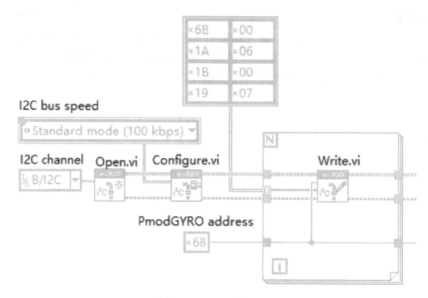

图 6-17　I2C 初始配置

小域宽"并选择"2"，再选择"左侧填充零"，如图 6-18 所示。

图 6-18　修改数值属性

3）查询寄存器表，在每次向器件写入和读取数据时，需要指定器件的总线地址，MPU6050 的总线地址为 0×68。要读取的是陀螺仪的数据，所以需要写入陀螺仪存放数组的寄存器首地址，再读取其后 6 个。读取的数据两两之间应用整数拼接相连，转换为 16 位整型，即可获得初始角速度，如图 6-19 所示。

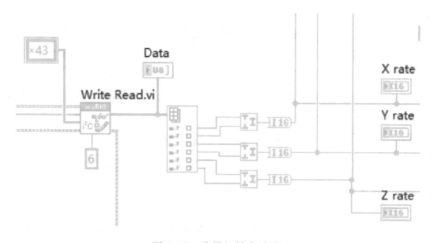

图 6-19　获得初始角速度

4）将所得数据进行逐点积分运算：信号处理→逐点→积分与微分（逐点），dt 选择 1/1000，可进一步获得初始角位移，如图 6-20 所示。

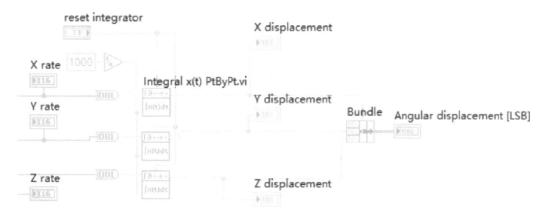

图 6-20　积分后获得初始角位移

完整的姿态传感器数据程序如图 6-21 所示。

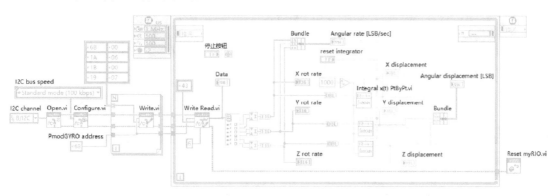

图 6-21　完整的姿态传感器数据程序

4. 运行调试

将模块与 myRIO 连接好，启动程序，调整模块的位置，观察实验数据的变化。程序运行时的前面板如图 6-22 所示。

可以观察到，角速度和角位移都在不断地发生变化，为了得出比较准确的数据，需要进行进一步计算和滤波。对于寄存器和地址，可以查阅 MPU6050 使用手册，若地址输入有误，则可能影响数据的读取。如果 Write. vi 和 Write Read. vi 不在循环中，会导致不能持续地读取数据。

五、 思考练习题

1. 尝试将陀螺仪与直流电动机结合起来，实现当陀螺仪角度大于 30°时直流电动机停止工作。

2. 尝试通过某种算法（如卡尔曼滤波）来获取较为准确的数据。

3. 尝试使用陀螺仪内部的 DMA 直接处理所得到的数据。

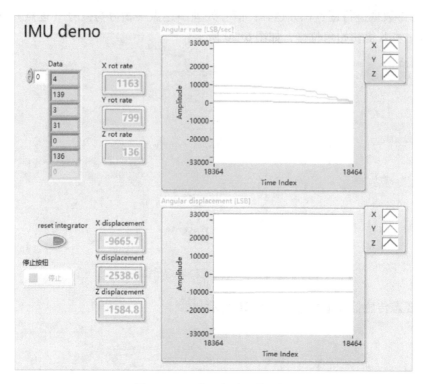

图 6-22　程序运行时的前面板

任务三　SPI（四位数码管模块）的应用

一、任务概述

SPI（四位数码管模块）

通过 LabVIEW 编程，使用 myRIO 控制 4 位 SPI 数码管，从而掌握 SPI 通信协议的基本组成及工作原理、myRIO 中 SPI 函数的使用方法，以及使用 SPI 通信议驱动数码管的方法。

二、任务要求

1. 了解数码管的工作原理。

2. 掌握 SPI 通信协议的基本组成及工作原理。

3. 掌握 myRIO 中 SPI 函数的使用方法。

4. 掌握使用 SPI 通信协议驱动数码管的方法。

三、知识链接

1. 数码管简介

数码管是一种半导体发光器件，其基本单元是发光二极管。数码管按其段数可以分为七段数码管和八段数码管，八段数码管比七段数码管多一个小数点（DP）；按发光二极管单元的连接方式可分为共阳极数码管和共阴极数码管。

2. SPI 通信协议简介

（1）SPI 简介　串行外设接口（Serial Peripheral Interface，SPI）总线系统是一种同步串

行外设接口，它可以使 MCU 与各种外围设备以串行方式进行通信来交换信息。SPI 有三个寄存器：控制寄存器（SPCR）、状态寄存器（SPSR）和数据寄存器（SPDR）。SPI 一般使用四条线：串行时钟线（SCLK）、主机输入/从机输出数据线（MISO）、主机输出/从机输入数据线（MOSI）和低电平有效的从机选择线（CS）。另外，有的 SPI 接口芯片带有中断信号线（INT），有的 SPI 接口芯片没有主机输出/从机输入数据线（MOSI）。

（2）采用主 – 从（Master – Slave）模式（图 6-23）的控制方式　两个 SPI 设备之间通信时，必须由主设备控制从设备。一个主设备可以通过提供时钟（Clock）以及对从设备进行片选（Slave Select）来控制多个从设备。SPI 协议还规定，从设备本身不能产生或控制时钟，由主设备通过 SCK 管脚为从设备提供时钟，如果没有时钟，从设备将无法正常工作。

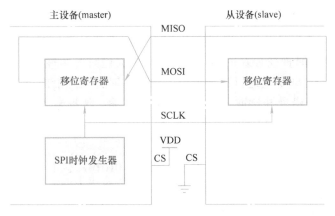

图 6-23　主 – 从模式

（3）采用同步（Synchronous）方式传输数据　主设备根据将要交换的数据来产生相应的时钟脉冲（Clock Pulse），时钟脉冲组成了时钟信号（Clock Signal），时钟信号通过时钟极性（CPOL）和时钟相位（CPHA）控制着两个 SPI 设备间何时交换数据以及何时对接收到的数据进行采样，从而保证数据在两个设备之间是同步传输的，如图 6-24 所示。

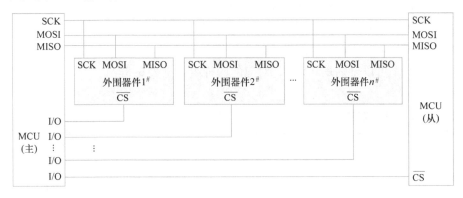

图 6-24　同步方式

（4）传输时序　SPI 接口的内部硬件实际上是两个简单的移位寄存器，传输的数据为 8 位，在主器件产生的从器件使能信号和移位脉冲下，按位传输，高位在前、低位在后。如图 6-25 所示，在 SCLK 的上升沿上数据发生改变，同时一位数据被存入移位寄存器。其中，SS

用于控制芯片是否被选中，也就是说，只有在片选信号为预先规定的使能信号时（高电位或低电位），对此芯片的操作才有效。这就使在同一总线上连接多个 SPI 设备成为可能。

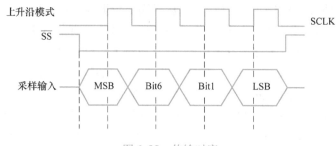

图 6-25　传输时序

（5）数据传输　通信是通过数据交换完成的，SPI 是串行通信协议，即数据是一位一位传输的。这就是 SCLK 时钟线存在的原因，由 SCLK 提供时钟脉冲，SDI、SDO 则基于此脉冲完成数据传输。通过 SDO 线进行数据输出，数据在时钟上升沿或下降沿处发生改变，在紧接着的下降沿或上升沿处被读取，完成一位数据传输，数据输入也采用同样的原理。可见，发生至少 8 次时钟信号的改变（上升沿和下降沿为一次），就可以完成 8 位数据的传输。

假设下面的 8 位寄存器中装的是待发送的数据 10101010，上升沿发送、下降沿接收，高位先发送。那么，当第一个上升沿到来时数据为 sdo＝1，寄存器中的 10101010 左移一位，后面补入送来的一位未知数 x，变成 0101010x；下降沿到来时，sdi 上的电平将锁存到寄存器中去，这时寄存器＝0101010sdi。在 8 个时钟脉冲以后，两个寄存器的内容就互相交换了一次，即完成了一个 spi 时序。

（6）SPI 的四种工作模式　SPI 有四种工作模式，各种工作模式的不同在于 SCLK 不同，具体工作由 CPOL、CPHA 决定：

1）当 CPOL 为 0 时，时钟空闲（idle）时的电平是低电平。

2）当 CPOL 为 1 时，时钟空闲（idle）时的电平是高电平。

3）当 CPHA 为 0 时，在时钟周期的前一边缘采集数据。

4）当 CPHA 为 1 时，在时钟周期的后一边缘采集数据。

CPOL 和 CPHA 可以分别是 0 或 1，对应的四种组合见表 6-3。

表 6-3　SPI 的四种工作模式

Mode0	CPOL0	CPHA0
Mode1	CPOL1	CPHA0
Mode2	CPOL0	CPHA1
Mode3	CPOL1	CPHA1

3. 4 位 SPI 数码管简介

本任务中的 4 位 SPI 数码管将使用 Max7219，它是一种高集成化的串行输入/输出共阴极显示驱动器，可以实现微处理器与 7 段码的接口，并显示 8 位或 64 位单一 LED。芯片上包含 BCD 码译码器、多位扫描电路、段驱动器、位驱动器和 8 位静态 RAM，用于存放显示数据。只需外接一个电阻，就可为所有 LED 提供段电流。

Max7219 的三线串行接口适用于所有微处理器，单一位数据可被寻址和修正，无须重写整个显示器。Max7219 具有软件译码和硬件译码两种功能，软件译码是根据各段笔画与数据位的对应关系进行编码的，硬件译码采用 BCD 码（简称 B 码）译码。Max7219 的工作模式包括 150μA 低压电源关闭模式、模拟数字亮度控制模式、限扫寄存器（允许用户从第 1 位数字显示到第 8 位）模式及测试模式（点亮所有 LED）。4 位 SPI 数码管模块内部寄存器的功能见表 6-4。

表 6-4　4 位 SPI 数码管模块内部寄存器功能表

寄存器地址	功能说明	赋值说明
01H ~ 04H	LED 显示数据寄存器	0 ~ 9 表示对应的字形
09H	译码方式选择寄存器	FFH 表示使用 Max7219 内部的 BCD 译码器，00H 表示不使用 Max7219 内部的 BCD 译码器
0AH	亮度调节寄存器	00H ~ 0FH 可改变 Max7219 所驱动的 LED 灯的亮度，其变化范围为 1/32 ~ 31/32
0BH	扫描位数设定寄存器	00H 对应于所有位不显示，01H ~ 07H 依次对应于 1 ~ 8 位及前面位全部显示（即需显示的位应为 "1"）
0CH	待机模式开关寄存器	00H：LED 灯全灭，01H：LED 灯正常显示
0FH	显示器测试寄存器	00H：LED 灯为正常显示状态，01H：LED 灯为测试状态，即 LED 灯全亮

四、任务实施

1. 搭建电路

4 位 SPI 数码管模块与 myRIO 的电路接线图如图 6-26 所示。

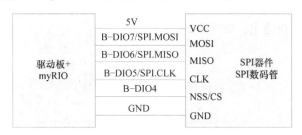

图 6-26　4 位 SPI 数码管模块与 myRIO 的电路接线图

2. 编程思路

本任务要实现 4 位 SPI 数码管的显示，了解 SPI 通信的基本原理后，首先打开 SPI 接口和对应的控制 IO 口同行进行配置，配置完成后即完成了数码管的初始化；此时，参照数码管寄存器功能表进行命令的写入，即可完成数码管的内容显示，编程流程如图 6-27 所示。

3. 编程步骤

1）阅读 4 位 SPI 数码管 Max7219 – LED 显示驱动器的中文资料，用 LabVIEW 中的 SPI 模块对其进行配置和初始化等。由电路原理可知，引脚为 myRIO 的 B/DIO11，需要编写一个数字输入程序来写入 B/DIO11 引脚的信息。

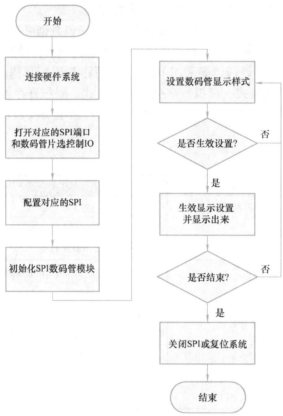

图 6-27　4 位 SPI 数码管显示编程流程

在 myRIO 模块的 "Low Level" 中找到关于 SPI 的底层函数，通过 "Open" 选择通道并将其打开，用 "Configure" 对其进行配置，在函数输入端单击右键，创建常量，如图 6-28 所示。

2）根据 4 位 SPI 数码管 Max7219 – LED 显示驱动器的中文资料和 SPI 中的 "Write. vi"，对 SPI 数码管模块进行初始化，如图 6-29 所示。

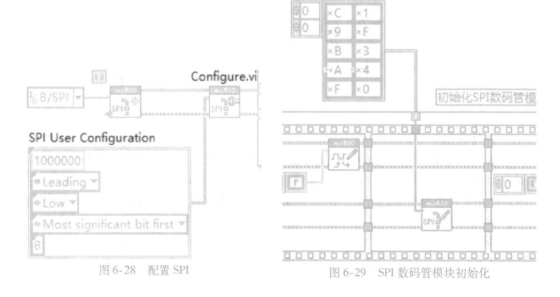

图 6-28　配置 SPI

图 6-29　SPI 数码管模块初始化

3）用 DIO 模块里的"Open"将其通道打开，并用"Write. vi"进行数据的写入。根据 4 位 SPI 数码管 Max7219 – LED 显示驱动器的中文资料和 SPI 通信数据传输的要求，通过运用数组和计算进行一些数据的处理，从而控制数码管的显示，在输入控件内任意输入 0 ~ 9 并选择是否有小数点，使该数字显示在数码管上，如图 6-30 所示。

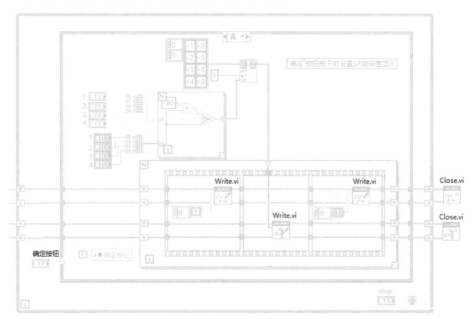

a)

b)

图 6-30　运算过程

4）完成全部功能后，用各自的"Close. vi"函数关闭 SPI 和 DIO 通道，如图 6-31 所示。

完整的 4 位 SPI 数码管显示程序框图如图 6-32 所示。

4. 运行调试

1）准备好硬件材料。

2）编写并运行程序。

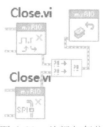

图 6-31　关闭与复位

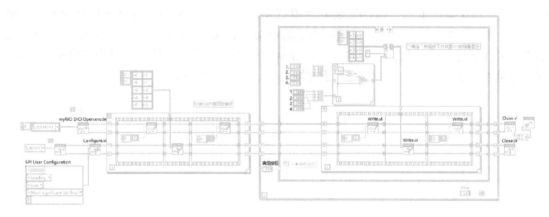

图 6-32　完整的 4 位 SPI 数码管显示程序框图

3）修改输入控件，在输入控件内任意输入 0 ~ 9 并选择是否有小数点，观察数码管显示的内容。程序调试运行界面如图 6-33 所示。

4）观察实验现象，记录并思考。

图 6-33　程序调试运行界面

五、思考练习题

1. 尝试实现秒表的功能。

2. 尝试实现倒计时功能。

3. 编程实现用数码管来显示一些简单的数学运算（如加减乘除）结果。

项目七
移动机器人的机械设计

移动机器人有多种底盘结构，不同的底盘结构对应不同的运动学模型，同时其装配也有所不同。本项目将介绍常用的底盘结构及其运动学模型与装配。

任务一　底盘结构及其运动学模型

一、任务概述

本任务将介绍两轮差速欧米（Omni）轮、三轮全向欧米轮，四轮欧米轮和四轮麦克纳姆轮底盘及其运动学模型的相关知识。

二、任务要求

1. 掌握四种底盘结构的构成。
2. 掌握三轮全向欧米轮底盘结构的运动学模型。
3. 掌握四轮麦克纳姆轮底盘的运动学模型及运动分析。

三、知识链接

1. 两轮差速欧米轮

两轮差速欧米轮底盘采用分别驱动左右两轮的方式驱动整个底盘移动。一般来说，两轮差速机器人中的"两轮"主要是指驱动轮的数量，而不包括支承轮的数量，因此，常把只有两轮驱动的底盘称为两轮差速底盘。为方便理解，建立两轮差速模型，如图7-1所示。

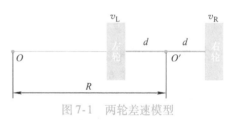

图 7-1　两轮差速模型

两轮差速的运动模型实际上是做一种圆弧运动，当两轮转动时，会产生一个半径为 R、圆心为 O 的圆弧；当半径为无穷大时，两轮差速便做直线运动。在不同运动状态下，圆弧的半径和圆心都是变化的，因此，这里讨论的是某一固定状态下的运动学模型。假设 $v_L < v_R$，即左轮速度小于右轮速度，则圆心在左轮一侧，底盘的两驱动轮连线中点到圆心的距离便是底盘的运动半径，这里设为 R，由基础物理学知识可知，底盘的运动速度为

$$v = \frac{v_L + v_R}{2}$$

该速度也就是人们常说的线速度。也可以推导出角速度、底盘运动的航向角和运动半径等参数，这里不做详细介绍。

接下来对两轮差速欧米轮与地面之间的摩擦力方向进行分析，如图7-2所示。图中箭头方向代表左右轮受地面摩擦力的方向，两轮差速底盘的运动状态共有四种：前进、后退、左转和右转。由于电动机的转向与摩擦力的方向是相同的，因此要实现某种运动状态，只需设

定电动机的相应转向即可。

左右旋转半径 R 与两驱动轮的安装位置和转速有关，如果两轮安装在底盘中心两侧，并且两轮转速一致，则底盘旋转中心为当前底盘所在的中心位置，其他情况下则存在一定的旋转半径，如图7-3所示。

两轮差速底盘有别于其他底盘，其转向是通过两轮的差速转动来实现的。在实际系统中，底盘转向时一般都存在一定的旋转半径。

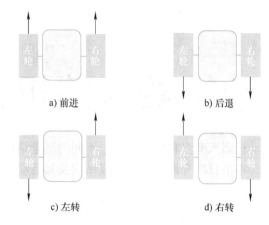

a) 前进   b) 后退

c) 左转   d) 右转

图7-2 两轮差速欧米轮四种状态下的受力方向和轮子转动方向分析

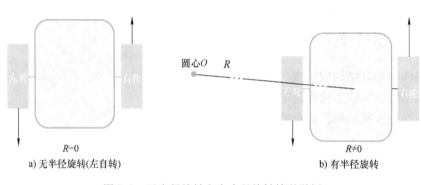

a) 无半径旋转(左自转)   b) 有半径旋转

图7-3 无半径旋转和有半径旋转情况举例

2. 三轮全向欧米轮

三轮全向欧米轮底盘使用三个驱动轮构成底盘移动的基本单元，三个欧米轮分别间隔120°安装，如图7-4所示。

（1）方向定义 根据实际的底盘结构和运动需求，规定三轮底盘的前后方向和左右方向，以及分配给三个驱动全向轮的位置编号，这些规定都是人为的，在开发过程中根据自己的需要定义即可。本任务中三轮全向欧米轮底盘的方向定义如图7-5所示，并规定轮子沿逆时针方向旋转为正方向。

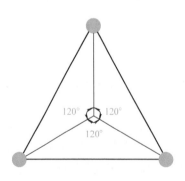

图7-4 三轮全向欧米轮底盘和驱动轮的安装位置

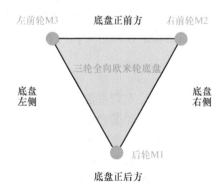

图7-5 三轮全向欧米轮底盘的方向定义

（2）各轮速度变化情况和底盘运动状态分析　如图7-6所示，合速度的方向就是底盘移动的方向，在某些状态下，将转动的轮子的主移动速度进行分解，投射到需要底盘移动的方向，得到的最终合速度v便是需要底盘移动的方向。三轮全向欧米轮底盘的运动方式比两轮差速欧米轮底盘复杂得多，同时也更加灵活。要实现这些方向的运动控制，了解每种状态下三个轮子的速度配比显得非常关键。

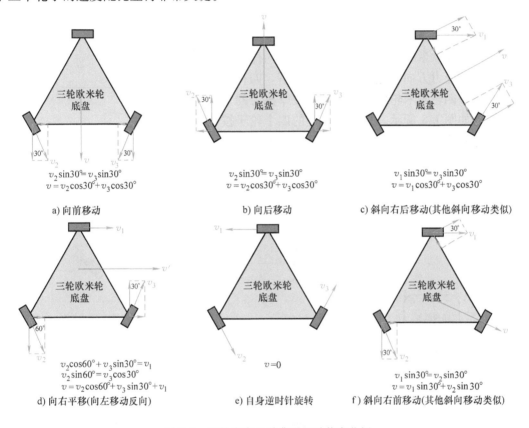

图7-6　三轮底盘几种典型运动状态分析

（3）各轮速度配比分析　这里规定轮子沿逆时针方向转动为正方向，为了方便理解，规定正转速度为1，反转速度为-1，停止时为0。对应图7-6所示的六种典型状态，各轮的速度配比见表7-1。

表7-1　三轮全向欧米轮底盘几种典型运动状态的速度配比

运动状态	速度配比（M1：M2：M3，带方向）
向前移动	1：-1：0
向后移动	-1：1：0
斜向右后移动	0：1：-1
向右平移	1：1：-1
自身逆时针旋转	1：1：1
斜向右前移动	1：0：-1

在实际控制中，通过给定底盘三个轮子对应的速度配比，结合一些运动算法（如 PID），即可实现相应的运动控制。

3. 四轮欧米轮底盘

四轮欧米轮底盘采用四个驱动轮作为实现底盘移动的基本单元，其安装方式有别于普通轮，每个轮相互之间都相对于底盘平面成 45°角或 45°角的倍数安装，目的是构成全向移动底盘，如图 7-7 所示。

要控制四轮欧米轮底盘实现全向移动，同样需要对底盘上各轮的受力方向和速度配比进行分析。四种不同运动状态下，四轮欧米轮底盘上各轮所受摩擦力的方向和速度方向如图 7-8 所示，规定底盘上的四个轮子按逆时针方向编号为 M1 ~ M4，并规定轮子沿逆时针方向旋转为正转。

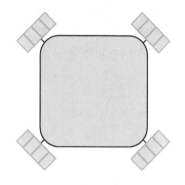

图 7-7　四轮欧米轮底盘模型图

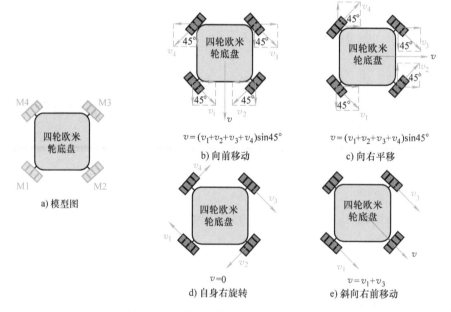

图 7-8　四轮欧米轮底盘运动状态分析

根据图 7-8 进行分析，四种运动状态下各轮的转向见表 7-2。

表 7-2　四种运动状态下各轮的转向

轮子编号	轮子转向	底盘状态
M1	正转	向前移动
M2	反转	
M3	正转	
M4	反转	

（续）

轮子编号	轮子转向	底盘状态
M1	正转	
M2	正转	向右平移
M3	反转	
M4	反转	
M1	反转	
M2	反转	向右自转
M3	反转	
M4	反转	
M1	正转	
M2	停止	斜向右前移动
M3	正转	
M4	停止	

要实现与上面所述方向相反的运动，只需将对应轮子的状态相对表7-2反转即可。要实现在自转的同时向前运动这一复合运动，则需要考虑每个轮子的转速，并进行速度配比。

假定速度只有0、1和-1，分别对应于停止、正转和反转。例如，在图7-8a中，底盘要向前运动，M1的速度为1，M2的速度为-1，M3的速度为1，M4的速度为-1，故四个轮子的速度配比为

$$v_1 : v_2 : v_3 : v_4 = 1 : -1 : 1 : -1$$

通过类似的分析，四种典型运动状态下四个轮子的速度配比见表7-3。

表7-3　四种典型运动状态下四个轮子的速度配比

$v_1 : v_2 : v_3 : v_4$	运动状态
1：-1：1：-1	向前运动
1：1：-1：-1	向右平移
-1：-1：-1：-1	向右自旋转
1：0：1：0	斜向右前移动

通过以上模型控制过程分析，可以控制实际的四轮欧米轮底盘做相对应的运动。如果需要进行连贯的运动控制，还需要了解相应的算法。

4. 四轮麦克纳姆轮底盘

四轮麦克纳姆轮底盘也是一种比较常见的全向底盘，其安装方式与普通四轮的安装方式类似，一般与车体并排安装，如图7-9所示。

与前面相同，首先建立模型，对四种典型运动状态下，四轮麦克纳姆轮底盘上各轮的速度与底盘运动状态的关系进行分析，最终得出各轮的速度配比，如图7-10所示。其他运动状态的分析方法与之类似，此处不再一一列

图7-9　四轮麦克纳姆轮底盘模型

举。根据分析可知，当需要底盘向前移动时，四个轮子均向前转动，按照逆时针为正的原则，则有 M1、M4 正转，M2、M3 反转。底盘在每个轮子的驱动下移动，由于麦克纳姆轮结构的特殊性，主轮转动时子轮也会有转动，因此存在分摩擦力和分速度，则所有轮子的主运动速度的分速度合成底盘向前运动的速度，合速度的方向就是底盘移动的方向。同理，其他运动状态也遵循类似的模型，从而实现底盘的全向移动。

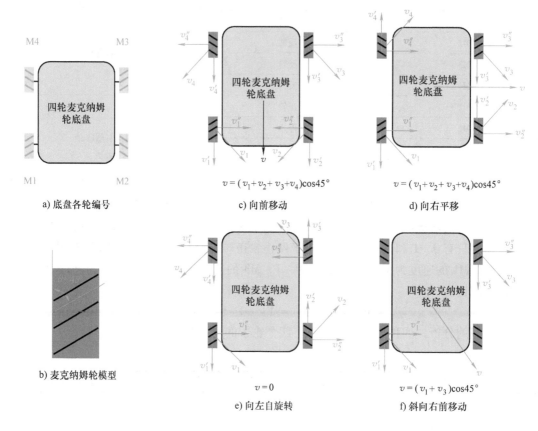

图 7-10　四轮麦克纳姆轮底盘运动状态分析

四轮麦克纳姆轮底盘在四种运动状态下各轮的速度配比见表 7-4，也遵循之前的规则，即正转速度为 1，反转速度为 -1，停止为 0。

表 7-4　四轮麦克纳姆轮底盘在四种运动状态下各轮的速度配比

$v_1 : v_2 : v_3 : v_4$	运动状态
$1 : -1 : -1 : 1$	向前运动
$1 : 1 : -1 : -1$	向右平移
$1 : 1 : 1 : 1$	向左自旋转
$1 : 0 : -1 : 0$	斜向右前移动

对比表 7-3 和表 7-4 所列四种状态下各轮的速度配比可以发现，虽然欧米轮底盘和麦克纳姆轮底盘同为四轮底盘，但它们的控制方式存在一些差异，主要体现在轮子的转向上，即

要实现相同的底盘运动状态，各轮的转向可能是不同的。

四、 思考练习题

1. 常见的移动机器人底盘结构有哪几种？
2. 麦克纳姆轮和欧米轮的不同之处有哪些？
3. 根据自己的理解，绘制三轮全向欧米轮底盘的运动模型。

任务二 移动机器人底盘装配

一、 任务概述

本任务主要以三轮全向欧米轮底盘为例，介绍移动机器人底盘装配方法。

二、 任务要求

1. 掌握三轮全向欧米轮底盘的装配方法。
2. 掌握移动机器人底盘的安装技巧。

三、 任务实施

1. 组装底盘

1）取两根 288 铝型材、一片固定底盘上炭板、一片固定底盘下炭板、八个套件短螺栓和八个套件螺母。首先把八个套件短螺栓分别安装在固定底盘上炭板和 288 铝型材上，安装后的效果如图 7-11 所示；然后取八个套件螺母分别安装在八个套件短螺栓下方并固定好。

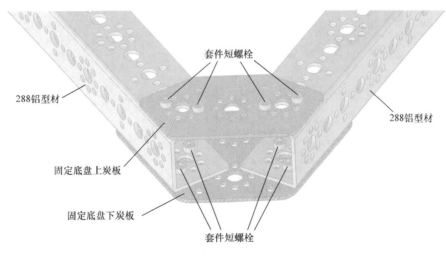

图 7-11　组装底盘

2）取一根 288 铝型材、一片固定底盘上炭板、两片固定底盘下炭板、十二个套件短螺栓和十二个套件螺母，安装完成的效果如图 7-12 所示。

3）取三个轴承座和三个轴承，将一个轴承安装在一个轴承座的凹槽里面，另外两个轴承和轴承座也是如此，安装后的效果如图 7-13 所示。

4）取六个 M4×8 螺栓，把安装好轴承的轴承座固定在底盘下炭板下方，有轴承的一方朝内，安装后的效果如图 7-14 所示。

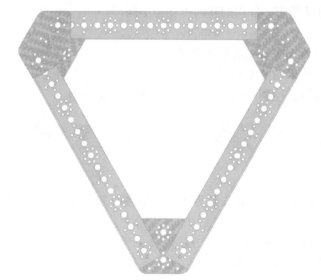

图 7-12 安装底盘

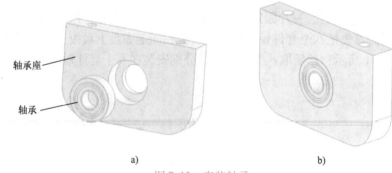

a)   b)

图 7-13 安装轴承

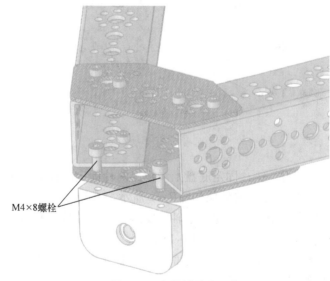

图 7-14 安装轴承座

5）取六个套件短螺栓和三个电动机固定架底座，分别用两个套件短螺栓将一个电动机固定架底座安装在底盘下炭板上，效果如图7-15所示。

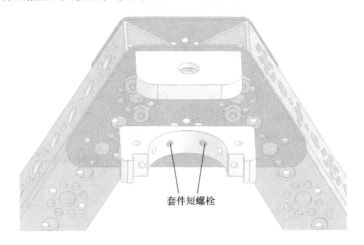

图7-15　安装电动机固定架底座

6）取三个电动机、三个电动机固定座盖和六个套件长螺栓，先把直流电动机轴由里往外完全插入轴承中，然后装上电动机固定座盖，并用套件长螺栓锁紧，将三个直流电动机依次安装好，安装后的效果如图7-16所示。

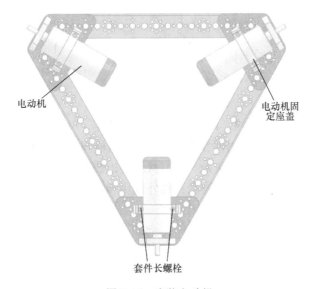

图7-16　安装电动机

7）取两片120°铝制板、一片固定底盘上炭板、四个套件长螺栓和四个套件螺母，安装步骤为：①固定底盘上碳板；②将120°铝制板固定在底盘上炭板上；③将套件长螺栓安装在120°铝制板上；④取四个套件螺母分别锁紧四个套件长螺栓。安装后的效果如图7-17所示。

2. 组装传感器

1）取两个红外模块座、两个红外模块、四个M3×6尼龙垫片和四个M3×8平头螺栓，

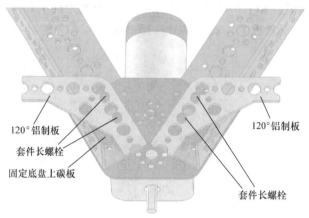

图 7-17　安装铝制古塞特

拼装两个红外模块，拼装后的效果如图 7-18 所示。

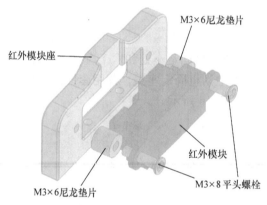

图 7-18　安装红外模块

2）取一个装配好的红外模块、两个 M3×8 平头螺栓、一个固定红外角码左、两个套件短螺栓和螺母。安装步骤为：①用两个 M3×8 平头螺栓将红外模块固定在红外角码左上；②将固定好红外模块的角码左安装在 288 铝型材从左边数第三个大孔中；③用两个套件螺母和两个套件短螺栓将角码左固定好。注意：红外模块和超声波模块应成 90°夹角，如图 7-19所示。

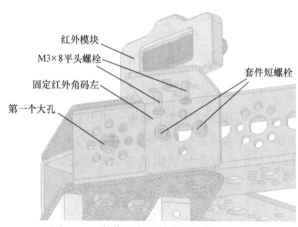

图 7-19　安装固定红外模块支架（一）

3）取一个装配好的红外模块、两个 M3×8 平头螺栓、一个固定红外角码右、两个套件短螺栓和螺母。安装步骤为：①用两个 M3×8 平头螺栓将红外模块固定在红外角码右上；②将固定好红外模块的角码右安装在 288 铝型材从右边数第三个大孔中；③用两个套件螺母和两个套件短螺栓将角码固定好。注意：红外模块和超声波模块应成 90°夹角，如图 7-20 所示。

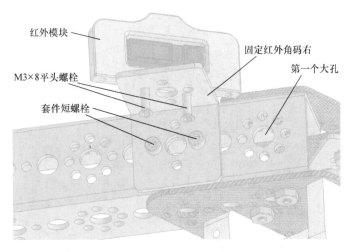

图 7-20　安装固定红外模块支架（二）

4）取两个 M2 螺栓，一个串口超声波模块、一个串口超声波支架、两个 M3×6 尼龙垫片，拼装串口超声波模块，另外两个 5 脚超声波模块的安装同理。安装后的效果如图 7-21 所示。

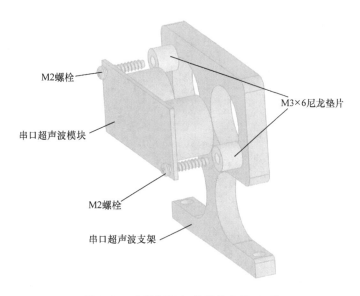

图 7-21　安装固定红外模块支架（三）

5）取一个安装好的串口超声波模块、一片三孔连接片、一个 L 形角件、五个套件短螺栓和三个套件螺母。安装步骤为：①将两个套件短螺栓从下面穿过三孔连接片，再旋到串口超声波支架下方的两个螺纹孔上；②将 L 形角件安装在前端 288 铝型材正中间的大孔中；③用三个套件螺母和三个套件短螺栓将 L 形角件固定好。拼装后的效果如图 7-22 所示。

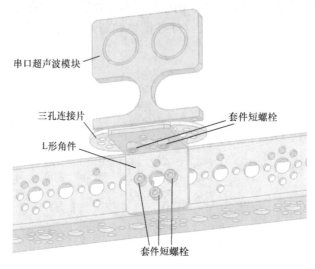

图 7-22　安装串口超声波模块

6）取两个安装好的 5 脚超声波模块、两片圆垫片和四个套件短螺栓，分别将两个套件短螺栓从下面穿过铝制古塞特 120° 和两片圆垫片，再旋到 5 脚超声波模块支架下方的两个螺纹孔中，安装后的效果如图 7-23 所示。

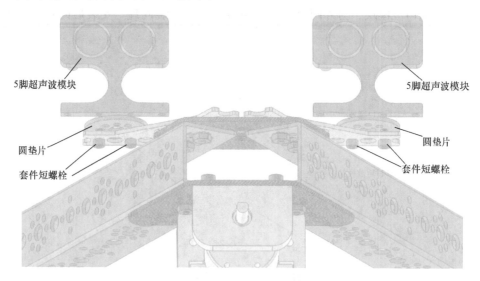

图 7-23　安装 5 脚超声波模块

7）取七个套件短螺栓、一片 5 孔连接片、两根 16mm 铝柱、一个 QTI、一个 U 形槽和三个套件螺母。安装步骤为：①用两个套件短螺栓从下面穿过 QTI 栓到 16mm 铝柱；②用两个套件短螺栓从上面穿过 5 孔连接片栓到 16mm 铝柱；③用三个套件短螺栓从上面穿过 U 形槽栓到 5 孔连接片；④用三个套件螺母分别固定三个套件短螺栓。安装后的效果如图 7-24 所示。

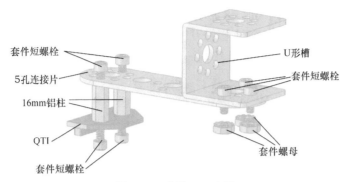

套件短螺栓

5孔连接片

16mm铝柱

QTI

套件短螺栓

U形槽

套件短螺栓

套件螺母

图 7-24 安装 QTI 支架

8）取一个装好的 QTI、两个套件短螺栓和两个套件螺母。安装步骤为：①用两个套件短螺栓从上面穿过前端 288 铝型材栓到 U 形槽上；②用两个套件螺母分别固定两个套件短螺栓。安装后的效果如图 7-25 所示。

3. 安装 myRIO 与 PCB 电路板

1）取 12 根 5mm 镀镍铜柱和 12 个 M3 法兰螺母，将 ϕ5mm 镀镍铜柱分别安装在三根 288 铝型材上方，M3 法兰螺母分别安装在三根 288 铝型材的 ϕ5mm 镀镍铜柱下方。安装后的效果如图 7-26 所示。

2）取 16 个 M3×8 平头螺栓、一片底盘亚克力板、四个套件短螺栓、四根 ϕ32mm 铝柱和四根 ϕ10mm 镀镍铜柱。安装步骤为：①用套件短螺栓从下面穿过底盘亚克力板，再

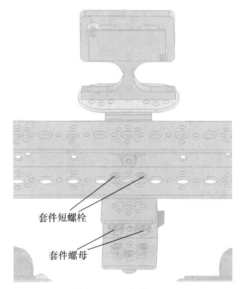

套件短螺栓

套件螺母

图 7-25 安装 QTI

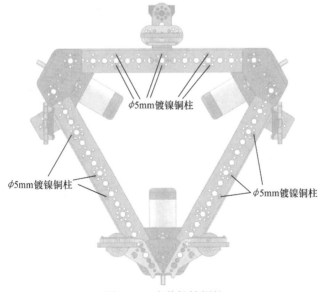

ϕ5mm镀镍铜柱

ϕ5mm镀镍铜柱

ϕ5mm镀镍铜柱

图 7-26 安装镀镍铜柱

栓在 $\phi32mm$ 铝柱上；②用四个 M3×8 平头螺栓从下面穿过底盘亚克力板再栓在四根 $\phi10mm$ 镀镍铜柱上；③用 12 个 M3×8 平头螺栓从上面穿过底盘亚克力板再栓到 $\phi5mm$ 镀镍铜柱上。安装后的效果如图 7-27 所示。

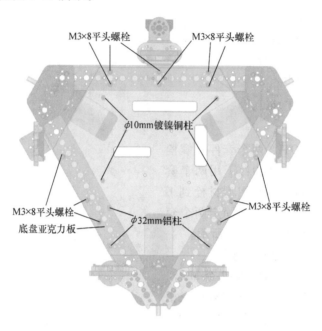

图 7-27　安装平头螺栓

3）取一个电池、四个套件短螺栓和一套电池架。安装步骤为：①用四个套件短螺栓从上面穿过电池架栓到 $\phi32mm$ 铝柱上；②将一个电池卡在电池架里面。安装后的效果如图 7-28 所示。

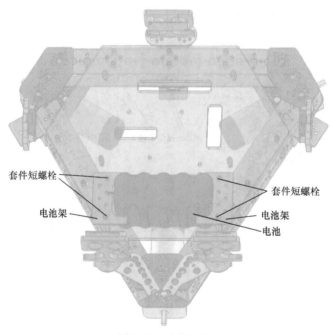

图 7-28　安装电池

4）取四根 ϕ20mm 镀镍铜柱和一块 PCB 板。安装步骤为：①将 PCB 板安装在 ϕ10mm 镀镍铜柱上；②将四根 ϕ20mm 镀镍铜柱安装在 PCB 板四角的孔位。安装后的效果如图 7-29 所示。

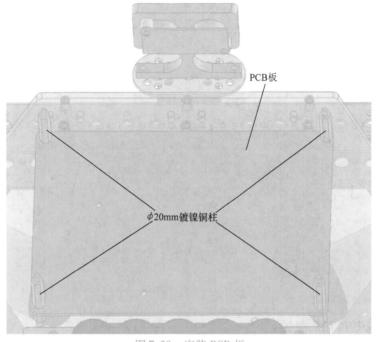

图 7-29　安装 PCB 板

5）取一片 myRIO 亚克力板、四个 M3 法兰螺母、六个套件圆头螺栓、三根 ϕ16mm 铝柱，安装步骤为：①将 myRIO 亚克力安装在三根铝柱上；②将 M3 法兰螺母安装在四根 ϕ20mm 尼龙柱上；③将另外三个套件圆头螺栓从下面穿过 myRIO 亚克力板，再栓在三根 ϕ16mm 铝柱上。安装后的效果如图 7-30 所示。

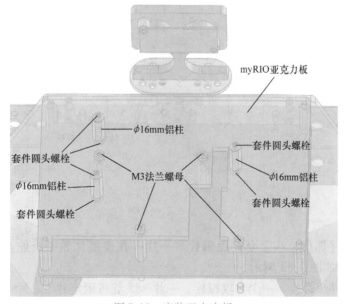

图 7-30　安装亚克力板

6）取一个 myRIO 和八根 φ45mm 镀镍铜柱。安装步骤为：①将 myRIO 安装在三个套件圆头螺栓上；②将两根 φ45mm 镀镍铜柱拼装起来。安装后的效果如图 7-31 所示。

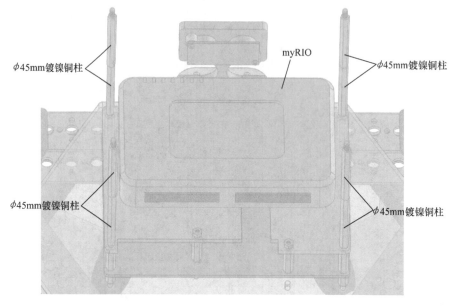

图 7-31　安装 myRIO

4. 安装面板控件和摄像头

1）取一个摄像头、一个固定摄像头上套、一个固定摄像头下套和四个 M3×6mm 平头螺栓，安装后的效果如图 7-32 所示。

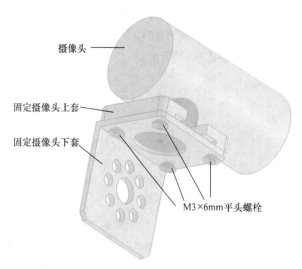

图 7-32　安装摄像头与支架

2）取八个套件螺母、八个套件短螺栓、一片 3 孔连接片和一个舵盘，将它们拼装起来，拼装后的效果如图 7-33 所示。

3）取四个套件短螺栓、一个自攻螺栓、一片 485 舵机固定片、一个 485 舵机、四个套

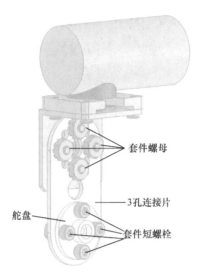

图 7-33　安装摄像头与舵盘

件螺母、两个 6mm 联轴器和两个套件长螺栓，将它们拼装起来，拼装后的效果如图 7-34 所示。

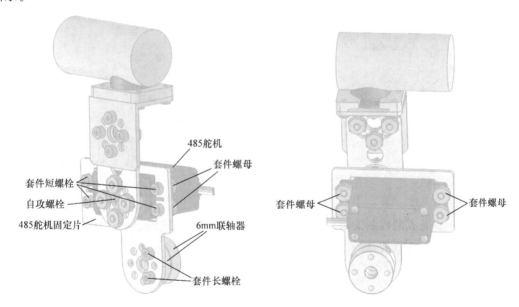

图 7-34　安装摄像头与舵机

4）取一片控制面板、四个 M3 × 12mm 杯头螺栓、四个尼龙螺母或相同高度的垫片、一个数码管和四个 M3 法兰螺母。将 M3 × 12mm 杯头螺栓穿过控制面板、尼龙螺母和数码管的孔位，并用 M3 法兰螺母锁紧，安装后的效果如图 7-35 所示。

5）取五个套件圆头螺栓、三个套件螺母、装好的摄像头和一个内嵌。安装步骤为：①将三个套件圆头螺栓穿过控制面板并用三个套件螺母固定好；②将两个套件圆头螺栓穿过内嵌拴在两个 6mm 联轴器上。安装后的效果如图 7-36 所示。

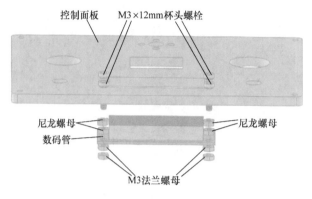

图 7-35 安装法兰螺母

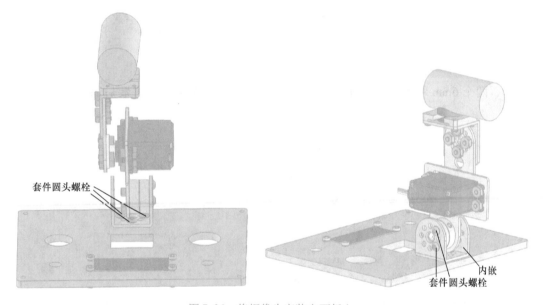

图 7-36 将摄像头安装在面板上

6）取上一步完成的控制面板、一个电源开关、一个启动按钮、一个运行灯、一个急停按钮和一个急停灯，将它们拼装起来，拼装后的效果如图 7-37 所示。

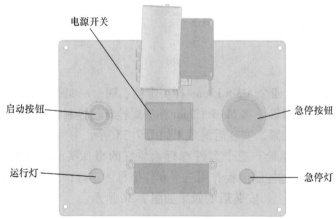

图 7-37 安装面板控件

7）取上一步完成的控制面板和四个 M3 法兰螺母，用四个 M3 法兰螺母将控制面板固定在 ϕ45mm 镀镍铜柱上，安装后的效果如图 7-38 所示。

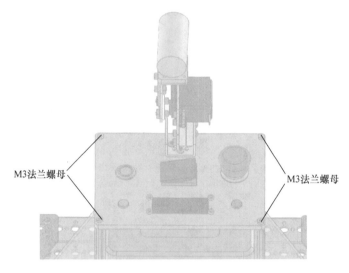

M3法兰螺母   M3法兰螺母

图 7-38　安装面板与底盘

8）取三个轮子，将轮子安装在电动机轴上。注意：轮子不需要贴紧轴承座。安装后的效果如图 7-39 所示。

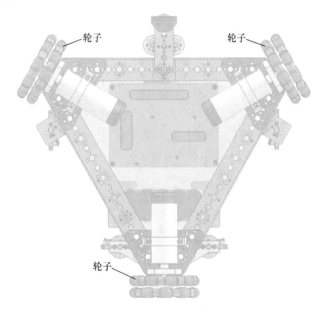

轮子　　　　　轮子

轮子

图 7-39　安装电动机

安装完成后的整车如图 7-40 所示。

四、思考练习题

1. 在装配时，如何确定三个轮子之间的角度为 120°？

2. 本项目中的移动机器人使用了哪些传感器？

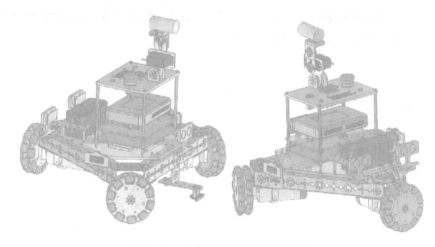

图 7-40　安装完成后的整车效果图

项目八
移动机器人运动控制

本项目主要介绍三轮移动机器人的前进、后退和转弯等基础运动控制，学生应学会使用 PID 控制机器人的基础运动；掌握三轮移动机器人运动学正解和反解的相关知识；学会使用基于坐标的运动控制全向轮移动机器人，实现机器人路径规划。

任务一 坐标控制

一、 任务概述

人想要走到某个地方，只需要移动双脚，眼睛看着目标位置，直接走过去就能到达。机器人没有眼睛和大脑，不能像人类那样进行自主判断。怎样才能使机器人自动、准确地到达指定位置呢？本项目将介绍通过编程，赋予三轮移动机器人能自主判断的"大脑"，建立机器人坐标的方法，实现机器人的运动控制，并实现复杂地形的路径规划。

坐标控制

二、 任务要求

1. 掌握三轮移动机器人的前进、后退和转弯等基础运动控制。
2. 学会使用 PID 控制机器人的基础运动。
3. 掌握三轮移动机器人运动学正解和反解的相关知识。
4. 学会使用基于坐标的运动控制全向轮移动机器人。

三、 知识链接

1. 三轮移动机器人基础运动

请参考项目七中三轮欧米轮的相关知识，这里不再赘述。

2. 三轮移动机器人运动学正向解

建立机器人的运动学模型是指利用局部坐标（机器人本身）和全局坐标的关系表示机器人自身的速度、角度以及两个坐标系之间的角度差等。通过这些参数建立运动学模型，在理想条件下，即可控制机器人精确地抵达全局坐标上的一个坐标点，如图 8-1 所示。

图 8-1　速度与坐标转换

当需要精确控制机器人的运动时，首先应知道机器人的位置。机器人的位置通常使用坐标来表示，但操作机器人时，控制的只是其电动机的转速，即轮子的转速。而运动学正向解就是通过计算，将机器人轮子的转速换算成机器人在世界坐标系中的位置，如图 8-2 所示。

已知电动机的转速、轮子的半径和三个轮子的位置关系，可以通过正交分解，将三个速

度 v_a、v_b 和 v_c 转化为机器人的线速度 v_x、v_y 和角速度 ω；再经过三角换算，得到世界坐标系中机器人的线速度 v'_x、v'_y 和角速度 ω'（$\omega' = \omega$）；然后各自求积分，便可得到机器人在世界坐标系中的位置及其转向角速度 ω。

3. 三轮移动机器人运动学逆向解

图 8-3 所示为运动学反解要实现的功能，即使机器人准确地达到指定位置，将世界坐标系下机器人的整体运动坐标转化为其各电动机的转速。机器人在世界坐标系中的位置分解如图 8-2 所示。

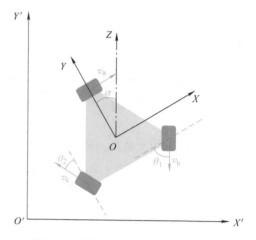

图 8-2　机器人在世界坐标系中的位置

机器人在世界坐标系 ————运动学反解————→ 电动机速度
中的线速度和角速度　　　　　　　　　　　（编码速度）

图 8-3　机器人速度与电动机速度转换

在世界坐标系中，机器人的线速度 v'_x、v'_y 和角速度 ω' 与机器人坐标系中的线速度 v_x、v_y 和角速度 ω 之间的转换关系为

$$v_x = v'_x\cos\alpha - v'_y\sin\alpha$$
$$v_y = v'_x\sin\alpha + v'_y\cos\alpha$$
$$\omega = \omega'$$

得到矩阵

$$\begin{pmatrix} v_x \\ v_y \\ \omega \end{pmatrix} = \begin{pmatrix} \cos\alpha & \sin\alpha & 0 \\ -\sin\alpha & \cos\alpha & 0 \\ 0 & 0 & 1 \end{pmatrix} \begin{pmatrix} v'_x \\ v'_y \\ \omega' \end{pmatrix}$$

将得到的线速度 v_x、v_y 和角速度 ω 转换为三个轮子的转速：

$$\begin{pmatrix} v_a \\ v_b \\ v_c \end{pmatrix} = \begin{pmatrix} 1 & 0 & L \\ -\cos\theta_1 & -\sin\theta_1 & L \\ -\sin\theta_2 & \cos\theta_2 & L \end{pmatrix} \begin{pmatrix} \cos\alpha & \sin\alpha & 0 \\ -\sin\alpha & \cos\alpha & 0 \\ 0 & 0 & 1 \end{pmatrix} \begin{pmatrix} v'_x \\ v'_y \\ \omega' \end{pmatrix}$$

化简后得到世界坐标系机器人底盘整体运动速度转机器人各个电动机速度：

$$\begin{pmatrix} v_a \\ v_b \\ v_c \end{pmatrix} = \begin{pmatrix} \cos\alpha & \sin\alpha & L \\ -\cos\theta_1\cos\alpha + \sin\theta_1\sin\alpha & -\cos\theta_1\sin\alpha - \sin\theta_1\cos\alpha & L \\ -\sin\theta_2\cos\alpha - \cos\theta_2\sin\alpha & -\sin\theta_2\sin\alpha + \cos\theta_2\cos\alpha & L \end{pmatrix} \begin{pmatrix} v'_x \\ v'_y \\ \omega' \end{pmatrix}$$

4. myRIO 机器人工具包

myRIO 机器人工具包函数见表 8-1。

表 8-1　myRIO 机器人工具包函数

名称	图　示	功　能
配置框架	Configure	生成轮式转向框架
框架转电动机	wheel indexes **steering frame in** **steering frame velocity** error in (no error) steering frame out ccw motor velocity setpoints ccw motor angle setpoints (... error out ccw caster motor velocity s...	计算满足转向框架中心的线速度或角速度所需的每台电动机的速度和角度
电动机转框架	wheel indexes **steering frame in** ccw motor velocity states ccw motor angle states (rad) error in (no error) ccw caster motor velocity s... steering frame out estimated steering frame ve... error out	计算能够满足每台电动机的最佳速度和角度所需的转向框架的线速度或角速度
框架转轮子	wheel indexes apply data to motors (F) **steering frame in** **steering frame velocity** error in (no error) constraint error tolerance ... steering frame out coerced steering frame velo... calculated wheel states error out	计算满足转向框架中心的线速度或角速度所需的每个车轮的状态
轮子转框架	wheel indexes get motor data (F) **steering frame in** acquired wheel states error in (no error) steering frame out estimated steering frame ve... wheel states error out	计算能够满足每个车轮最佳状态所需的转向框架的线速度或角速度
画出框架 二维图	drawing options **steering frame in** picture in **picture draw area size (pix...** error in (no error) steering frame position steering frame out picture out error out	创建一个可以连接到二维图像控件的图像，以显示前面板上的转向框架

四、任务实施

1. 编程思路

本任务需要从编码器读取并计算得到的编码速度出发，运用运动学正解，求得小车目前所在的位置坐标。把当前坐标和目标坐标做比较，然后运用运动学反解，让小车抵达指定位置。编程流程如图 8-4 所示。

2. 编程步骤

（1）建立机器人框架　框架是指机器人本身的结构，它由轮子的半径和三个轮子的相互位置关系决定。在 myRIO 中，可以使用 Configure 函数分别输入三个轮子的实测数据并进行计算。机器人框架参数设置如图 8-5 所示。

注意：由于 Configure 函数在有些计算机上无法运行，因此推荐使用底层函数来编写框架，使程序运行更稳定、更快速。

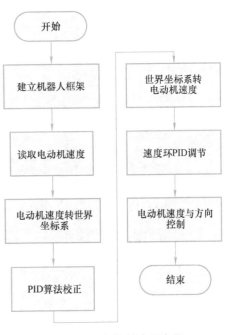

图 8-4　坐标控制编程流程

a) Configure 函数图标

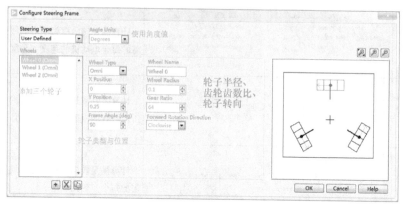

b) 参数设置

图 8-5　机器人框架参数设置

配置完 Configure 函数后，单击右键将其转换为子 VI，转换完成后双击进入子 VI，即可看见使用底层函数编写的框架，其中的参数与之前配置的一一对应，按照其写法即可使用底层函数来编写机器人框架，如图 8-6 所示。

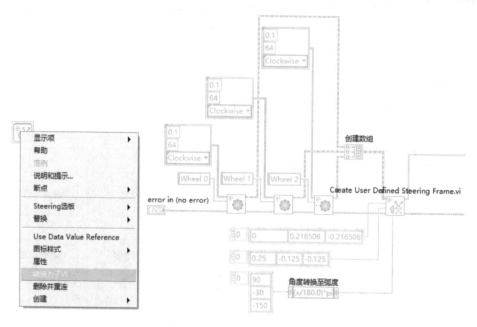

图 8-6　用底层函数编写框架

具体操作方法如下：

1) 建立三个欧米轮，其中半径与齿轮齿数比分别为 0.1 和 64，轮子转向为顺时针方向旋转（Clockwise），使用创建数组函数将三个轮子的数据以数组的形式输入"Create User Defined Steering Frame. vi"中。

2）输入三个轮子的 x 坐标、y 坐标和角度。

3）通过公式转换成弧度输入"Create User Defined Steering Frame. vi"中，即可完成框架的编写。

（2）读取电动机速度　编写电动机编码值与速度子 VI，使用 myRIO Encoder 快速 VI，按照轮子的顺序读取三个轮子的编码值，根据速度的定义（即单位时间内走过的路程），通过相减得到编码速度，而编码速度可看作电动机的转速，如图 8-7 所示。

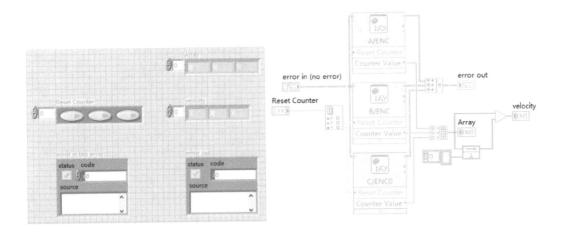

图 8-7　电动机速度程序框图

A/ENC——一轮　B/ENC—二轮　C/ENC0—三轮

编码速度经过转换和换算成为机器人坐标系中的线速度及角速度。

（3）电动机速度转世界坐标系　编写电动机速度转世界坐标系子 VI，将编码速度乘以 K 值（K 表示误差值，设为 0.1695），然后输入电动机转框架 VI，将电动机速度转换成框架坐标。将角速度 ω 索引出来后，经过不断累加（积分）可以转换成世界方向角，即小车相对于世界坐标的夹角。电动机速度转世界坐标系程序框图如图 8-8 所示。

将框架坐标与累加后的弧度经过"Convert Steering Frame Velocity Global. vi"转换至世界坐标系，得到世界速度后，通过不断累加（积分）可以转换成世界坐标。此时，便得出了小车当前的世界坐标 x' 和 y'。世界坐标下的角速度与机器人的角速度相等，不需要经过子函数转换，直接将其积分后，替代世界坐标数组中的第三个元素即可，得到小车在当前世界坐标下的转速 ω'，如图 8-9 所示。

（4）PID 算法校正　设定了目标位置后，运用位置环 PID 算法实现校正，输出的世界速度如图 8-10 所示。

（5）世界坐标系转电动机速度　编写世界坐标系转电动机速度子 VI，将校正输出的世界坐标转换回框架坐标，使用框架转电动机 VI 将框架坐标转换成电动机速度，最后判断输出的电动机速度是否超过所设置的最大速度，超过时应进行相应的转换，如图 8-11 所示。

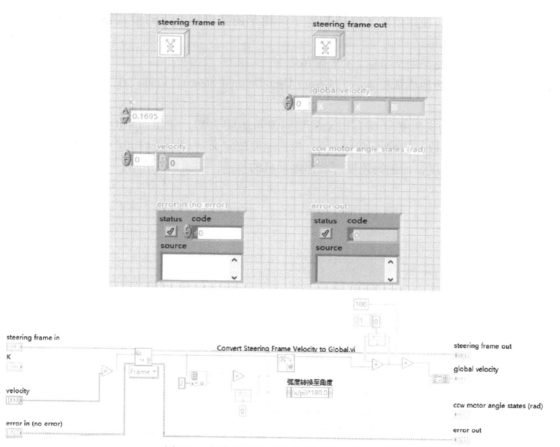

图 8-8 电动机速度转世界坐标系程序框图

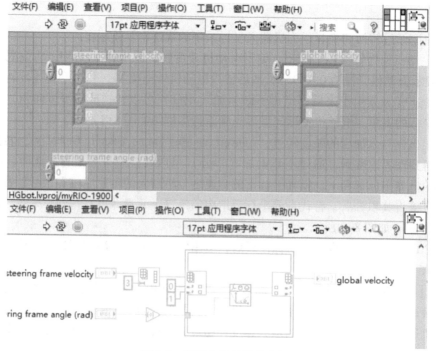

图 8-9 框架坐标转世界坐标

图 8-10　PID 算法校正

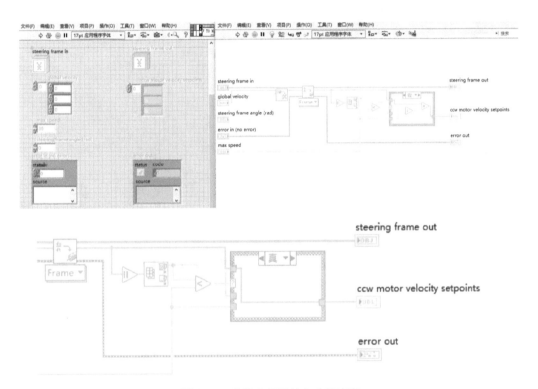

图 8-11　世界坐标系转电动机速度

（6）速度环 PID 调节　参考直流电动机 PID 速度闭环控制，对输出的电动机速度进行速度环 PID 调节，如图 8-12 所示。

图 8-12　速度环 PID 调节

（7）电动机速度与方向控制　编写电动机速度与方向控制子 VI，对速度环 PID 的输出值进行处理后，即可同时控制 PWM 的大小和电动机的转动方向，如图 8-13 所示。

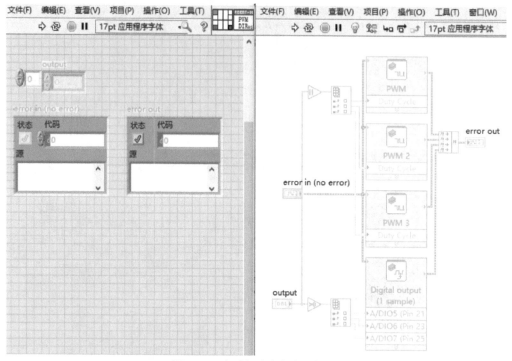

图 8-13　电动机速度与方向控制

（8）代码整合　建立一个时间为 10ms 的定时循环，使上面的子 VI 与 PID 调节持续运行。整体坐标控制程序如图 8-14 所示。

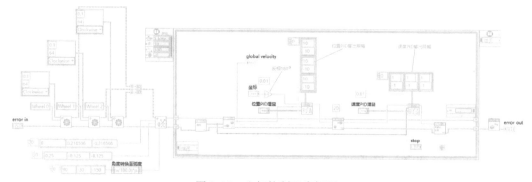

图 8-14　坐标控制程序框图

3. 运行调试

1）将全向轮机器人各零件组装好，连接上 NI myRIO。

2）测量小车中心到三个轮子中心的距离以及它们之间的位置关系、轮子半径等参数，分别填入程序中。

3）编写程序后，连接好电池，设定初始 PID 值，尝试启动程序，看程序是否能正常运行。

4）参考直流电动机 PID 速度闭环控制，调节三个轮子的速度环 PID，观察小车能否正常运行。

5）调节位置环 PID，要求小车在最短时间内稳定地到达指定坐标位置。调试界面如图 8-15 所示。

图 8-15　机器人坐标控制调试界面

五、知识拓展

三轮全向底盘运动学的运用

在一些项目中会遇到控制小车走向指定地点的情况。例如，要求控制小车抓取一个物体的时候，就可以用到全向底盘的运动学正解和反解。首先建立小车的运动学模型，确定小车自身的坐标轴方向以及各电动机相对于所设定原点的角度和距离，将各电动机的编码速度通过一系列运算得出小车相对于世界坐标系的当前位置。通过视觉识别及定位功能，向主控单元发送物体的坐标位置，即可利用运动学反解，把信息转换成各电动机的编码值，再结合 PID 算法，就可以把设定的坐标值转换为设定的编码值、编码速度，从而准确地控制小车到达指定地点。

六、思考练习题

1. 尝试在程序中加上摄像头调用功能，以便在 LabVIEW 前面板上直观地查看小车运动过程中的当前环境图像。

2. 尝试按照机器人运动的反方向来编写坐标控制程序。

3. 尝试将坐标控制程序写成子 VI。

任务二　基于坐标控制的路径规划

一、任务概述

实现坐标控制后，即可实现机器人的运动控制。但在实际情况中，经常会遇到一些复杂的地形，此时应如何进行路径规划？本任务将以某移动机器人的一个运动场地为例，介绍基于坐标控制的路径规划技术，从而掌握坐标控制程序的编写方法。

路径规划

二、 任务要求

1. 掌握坐标控制程序的编写方法。

2. 掌握路径规划的思路。

3. 掌握子 VI 的运用。

三、 知识链接

根据前面所学的坐标控制知识，可以大致规划出机器人的运动路径。如图 8-16 所示，首先让机器人旋转180°并上坡，以防止打滑，到达上坡位置后往左直行，经过测量后向前走一小段距离，接着继续往左直行至终点。

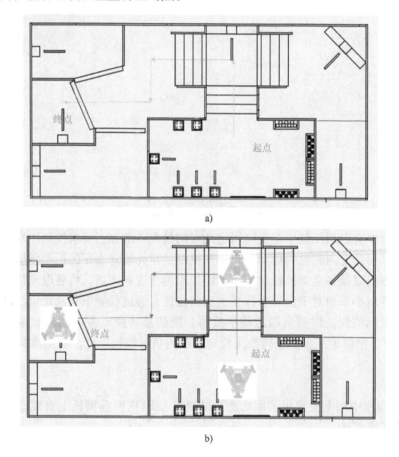

图 8-16 机器人运动路径

四、 任务实施

1. 编程思路

在一段复杂的路径中，只需要将其划分成多段直线路径，即可通过调用坐标控制 VI 来解决机器人的路径规划问题。路径规划编程流程如图 8-17 所示。

2. 编程步骤

（1）编写坐标控制子 VI

1）参考坐标控制的相关知识，将坐标控制程序改编成子 VI，使用类似于动作机的原理来实现。

2）在首次调用此 VI 时，完成机器人框架的建立，如图 8-18 所示。

3）完成编码速度与世界坐标的转换以及世界坐标与编码速度的转换，如图 8-19 所示。图 8-19a 所示为 VI 停止的判断代码，对输入的坐标与当前机器人的世界坐标做比较，如果机器人世界坐标的三个坐标值与输入坐标的差值在 −0.5 ~ 0.5mm 范围内，则表示机器人已到达指定位置，可以停止 VI。图 8-19b 所示为使用反馈节点在下次调用此 VI 时使编码器数值清零，从而实现坐标的清零。

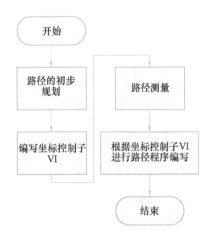

图 8-17　路径规划编程流程

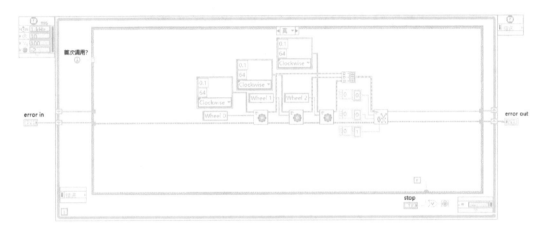

图 8-18　坐标控制子 VI 程序框图

（2）编写路径程序　首先进行坐标控制初始化，即建立机器人框架，然后完成路径程序的编写，即可实现从起点到终点的路径规划，最后对 myRIO 进行关闭与复位，如图 8-20 所示。

3. 运行调试

1）完成坐标控制子 VI 的编写。

2）参考坐标控制知识，调节坐标控制 VI 中的 PID 参数。

3）根据坐标控制子 VI 测出每段路径的坐标。

4）根据子 VI 的调用，完成路径规划与测试。

五、思考练习题

1. 尝试自己设定一个起点与终点，并完成路径规划。

2. 尝试完成机器人从起点到达终点，再从终点回到起点的路径规划。

3. 尝试在坐标控制子 VI 的基础上进行修改，实现同时输入多个坐标，机器人可按顺序到达各个位置。

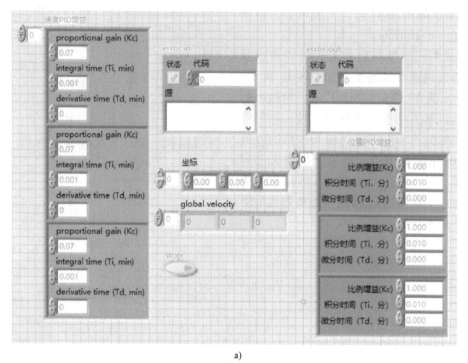

a)

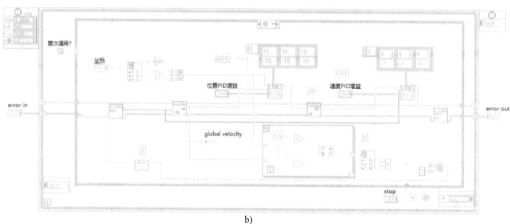

b)

图 8-19　坐标控制子 VI 前面板

图 8-20　编写路径程序

任务三 超声波距离追踪

一、 任务概述

通过前面对超声波传感器与电动机驱动相关知识的学习，将超声波传感器与电动机相结合实现超声波距离追踪功能，也可以实现校正的功能。

二、 任务要求

1. 掌握超声波传感器的使用方法。

2. 掌握超声波距离追踪程序的编写方法。

超声波距离追踪

三、 任务实施

1. 编程思路

在本任务中，需要完成机器人的自动追踪，同时机器人自身与追踪物体应保持平行。首先需要编写 FPGA 文件，实现超声波传感器的读取，然后根据求出的两个超声波传感器距离的差值与平均值来判断当前机器人的状态，并通过闭环控制（PID 控制）实现机器人的自动调整与追踪，最后调节 PID 参数，使机器人可以快速、稳定地完成追踪。超声波距离追踪编程流程如图 8-21 所示。

2. 编程步骤

1）完成 FPGA 初始化后，建立一个 $dt = 10ms$ 的定时循环，使程序一直循环执行，如图 8-22所示。

2）建立一个子 VI，实现对两个超声波传感器距离值的读取，如图 8-23 所示。

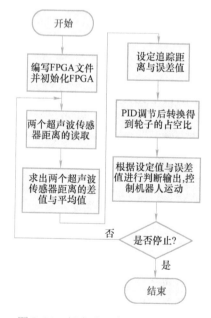

图 8-21 超声波距离追踪编程流程

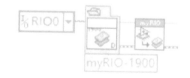

图 8-22 FPGA 初始化

3）读取两个超声波传感器的距离值后分别进行相减和取平均值，如图 8-24 所示。

4）由于要求机器人在追踪过程中始终与目标保持平行并相隔设定的距离，因此需要使

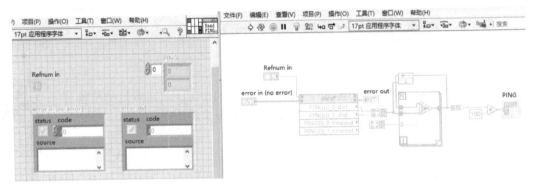

图 8-23　超声波传感器距离值的读取

用 PID 算法对机器人进行调节。其中机器人与目标的平行设定值为 0，追踪距离即为要求的距离，过程变量是两超声波传感器当前距离值的差值与平均值，如图 8-25 所示。

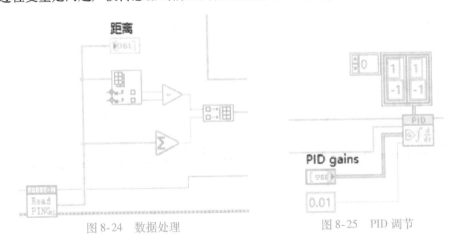

图 8-24　数据处理　　　　　　　　　图 8-25　PID 调节

5）根据机器人的运动控制，将其转换为三个轮子的占空比并输出，以控制机器人的速度与转向，如图 8-26 所示。

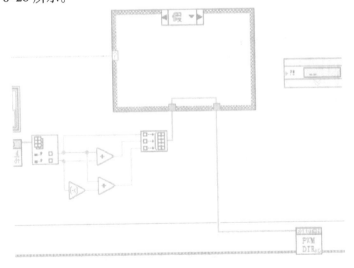

图 8-26　数据转换和输出

6）判断实际超声波传感器距离值的差值与平均值是否在设定的误差范围内，若在误差范围内，说明机器人已到达目标位置，则让机器人停止运动，如图 8-27 所示。

图 8-27　判断机器人是否达到目标位置

7）关闭 FPGA 并对 myRIO 进行复位。整体程序框图如图 8-28 所示。

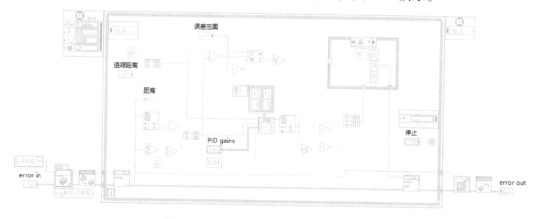

图 8-28　超声波传感器距离追踪程序框图

3. 运行调试

1）测试超声波传感器是否可以正常读取数据，若无法得出距离数据，则需要检测 FP-GA 的编写是否有误。

2）分别调节超声波角度与校准距离的 PID，使机器人可以快速、准确地进行追踪。

3）运行程序，测试机器人是否存在异常，若存在异常，可尝试加大误差范围。程序调试界面如图 8-29 所示。

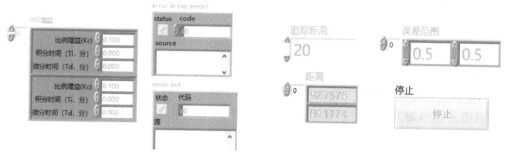

图 8-29　程序调试界面

四、思考练习题

1. 尝试在基于坐标控制进行路径规划的基础上，加入超声波传感器校正功能，以减小机器人运动过程中产生的误差。

2. 尝试写出实现左右红外传感器追踪功能的程序。

3. 尝试在本任务的基础上，加上红外传感器，使机器人实现90°自动校正的功能。

任务四　机器人巡线

机器人巡线

一、 任务概述

本任务将介绍快速跟踪红外（QTI）传感器，并将 QTI 传感器与运动控制相结合，实现机器人巡线功能。学生应学会使用数字滤波进行数据处理，掌握基于机器人载体的 QTI 传感器使用方法。

二、 任务要求

1. 了解 QTI 传感器的基本原理及相关技术参数。

2. 学会使用数字滤波进行数据处理。

3. 掌握基于机器人载体的 QTI 传感器使用方法。

4. 在移动机器人上实现巡线运动的应用。

三、 知识链接

快速跟踪红外（QTI）传感器是由光电管结合外围电路构成的红外巡迹传感器，单个 QTI 模块一般由一个红外发射管、一个红外接收管以及外围电路构成。输出信号分为两种，一种是数字信号，即高、低电平；另一种是连续的模拟信号。输出数字信号的 QTI 传感器，其阈值只能通过外围电路的滑阻来调节，确切地说，就是调节电路中比较器的比较电压；而输出模拟量的 QTI 传感器，通常只需处理红外接收管接收到的信号强度，对信号进行简单的无源滤波处理后便将其输出，即可得到模拟量信号。处理模拟量信号的好处是：可以根据实际环境，通过软件对阈值进行设定。所谓阈值，就是传感器能够明显区分出黑白线的信号临界点，用来判定检测到的是黑线还是白线。

四、 任务实施

1. 连接电路

本任务使用的是集成了四路红外收发模块的 QTI 传感器集，并且输出信号是模拟信号，每一路的电路原理图如图 8-30 所示。

当 LED 红外发射管与 PIN 红外接收管直接有黑线时，由于黑线反射光线的能力弱，导致红外接收管接收到的红外线弱，PIN 处于截止状态，其输出端 SIG 为高电平。当地面为白色，没有黑线时，PIN 接收到的红外线比较强，工作在饱和区，输出信号 SIG 为低电平。

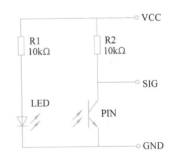

图 8-30　QTI 传感器电路原理图

需要将 QTI 模块外接到驱动板上。QTI 模块与 myRIO 接口的电气连接图如图 8-31 所示，接口分配表见表 8-2。

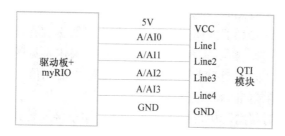

图 8-31 QTI 模块与 myRIO 接口电气连接图

表 8-2 myRIO 接口分配表

QTI 编号	I/O 分配
Line1	A/AI0
Line2	A/AI1
Line3	A/AI2
Line4	A/AI3

2. 编程思路

要实现机器人的巡线运动，首先需要读取 QTI 传感器的模拟量，但由于直接读取时数据的抖动非常严重，因此需要处理抖动数据。这里采用常见的取一段时间内的平均值的方法，处理完成后，将数据与根据实际环境测出的阈值进行对比，从而判断机器人是否在黑线上，然后根据不同的检测情况进行相应的占空比输出，控制机器人的运动。机器人巡线编程流程如图 8-32 所示。

3. 编程步骤

1）由于本任务使用的是模拟量信号传感器，因此，通过设置快速 VI 进行编程即可。在程序框图的函数选板中选择 myRIO 下的 "Analog in"（模拟量读取），如图 8-33 所示。

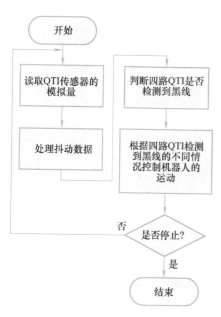

图 8-32 机器人巡线编程流程图

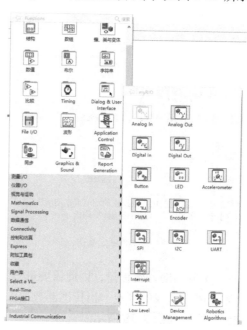

图 8-33 模拟量读取

2）选择接口 A/AI0 ~ A/AI3，如图 8-34 所示。

3）此时即可获取 QTI 传感器的模拟量数据，但电压数据存在严重的抖动，不便于数据的处理，因此需要进行抖动处理。采用常见的取平均值的方法，将平均值作为该区间内的值，LabVIEW 中的均值（逐点）函数即可实现此功能，如图 8-35 所示。

从 LabVIEW 的 "即时帮助" 中可以了解到，"x" 用于接入要处理的数据，"采样长度" 用于输入队列的长度（要用多少个数进行均值处理）。初始化接入 T 时，清空队列均值并输出经滤波处理后的数据。均值（逐点）函数如图 8-36 所示。

图 8-34　选择接口

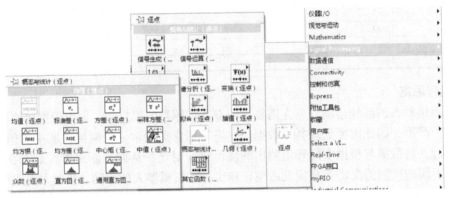

图 8-35　均值（逐点）函数的位置

4）加入均值功能，设置采样长度为 10，即可得到相对平稳的数据，如图 8-37 所示。

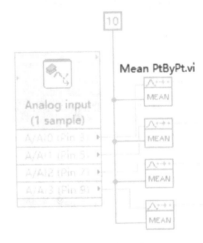

均值（逐点）
[NI_PtbyPt.lvlib:Mean PtByPt.vi]

初始化
x　　　　　　　　　均值
采样长度　　　　　　错误

计算采样长度指定的输入数据点的均值或平均值。
如值小于采样长度，VI使用该值计算均值。

图 8-36　均值（逐点）函数

图 8-37　信号处理

5）由于输出的是模拟量，因此需要进行阈值设定。通过将获取的传感器数据与阈值进行对比来完成黑白线的判定。当传感器数据大于设定的阈值时，认为检测到黑线；否则，认为检测到白线，如图 8-38 所示。

6）判断阈值后，使用布尔数组至数值转换函数，对不同情况进行分析。

巡线原理：巡线机器人沿着黑线行驶，当黑线正好处于巡线机器人的正中时，四个 QIT 传感器均识别到黑线，则两台电动机的频率和占空比相等，正转速度相同，机器人以直线行驶，所以四个 QTI 传感器的输出均为"TRUE"。在布尔数组至数值转换函数的转换后进入分支 9，两台电动机的占空比赋值为 0.5，如图 8-39 所示。

7）当机器人偏右时，共有三种情况：第一种为仅机器人左侧第一个 QTI 传感器巡到黑线（即分支 1）；第二种为机器人左侧两个 OTI 传感器巡到黑线（即分支 3）；第三种为仅机器人右侧第一个 QTI 传感器巡不到黑线（即分支 7）。这三种情况下，机器人右轮速度均应大于左轮速度，但需要根据偏离程度设置相应阈值，如图 8-40 所示。

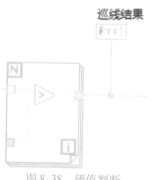

图 8-38　阈值判断

图 8-39　机器人直线行驶时的 QTI 阈值

图 8-40　三种分支的 QTI 阈值设置

8）当机器人偏左时，也有三种情况：第一种为仅机器人右侧第一个 QTI 传感器巡到黑线（即分支 8）；第二种为机器人右侧两个 QTI 传感器巡到黑线（即分支 12）；第三种为仅机器人左侧第一个 QTI 传感器巡不到黑线（即分支 14）。这三种情况下，机器人的左轮速度均应大于右轮速度，但需要根据偏离程度设置相应阈值，如图 8-41 所示。

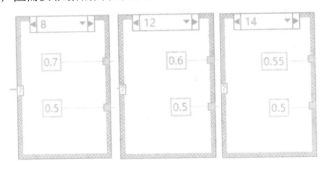

图 8-41 机器人偏左时三种分支的 QTI 阈值设置

9）当 QTI 传感器均未寻到黑线或出现其他情况时，均走默认分支 0，即机器人停止运动，如图 8-42 所示。

机器人巡线程序如图 8-43 所示。

4．运行调试

在巡线开始前，首先需要使用 QTI 传感器分别采集黑线与白线的模拟量数据，然后取平均值作为程序的阈值。

在运动过程中，机器人很有可能会偏离黑线，而达不到想要的效果。此时需要对不同偏离程度时两个轮子的速度差进行多次调试，直到机器人能沿着黑线行驶为止。

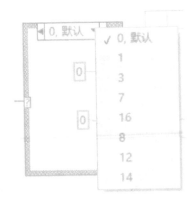

图 8-42 默认分支 0

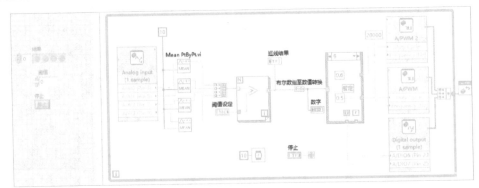

图 8-43 机器人巡线程序

五、思考练习题

1．尝试在程序中加入速度环 PID 调节功能。

2. 尝试加快巡线速度，使机器人能快速完成巡线任务。

3. 尝试加上超声波传感器，使当检测到前方有障碍物时，机器人能自动停止运行。

任务五 　 机器人走迷宫

一、 任务概述

利用前面介绍的超声波传感器、红外测距传感器与电动机驱动的知识，完成一个机器人走迷宫的项目。使用机器人两侧的红外测距传感器与前面的超声波传感器，加上一些走迷宫的策略，通过运行机器人来检验其正确性。本任务的实施有助于学生巩固前面学过的知识与提升编程能力。

机器人走迷宫

二、 任务要求

1. 理解机器人走迷宫的策略。
2. 进一步熟悉红外测距传感器与超声波传感器的使用方法。
3. 掌握机器人的运动控制方法。

三、 知识链接

走迷宫是一个古老且著名的问题。可以采用两种方法走到出口：一种是左手法则，另一种是右手法则。以左手法则为例，如果左手摸到墙壁，则向前走；如果左手摸不到墙壁，则向左转，使左手能够摸到墙壁；如果前面撞到墙，说明前面有障碍物，应向右转；重复以上三步，直到走到出口。迷宫图和走迷宫流程图如图 8-44 所示。

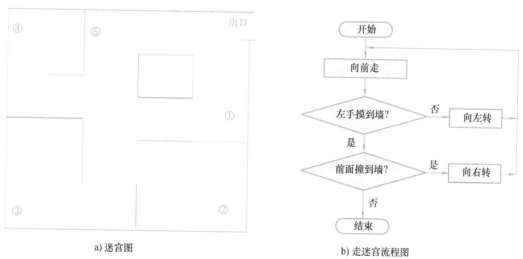

a) 迷宫图　　　　　　　　　　　　　　　　b) 走迷宫流程图

图 8-44　迷宫图和走迷宫流程图

四、 任务实施

1. 编程思路

在本任务中，以左手法则为例实现机器人走迷宫。首先需要分别读取机器人前方的串口超声波传感器和两侧红外测距传感器的数据，根据前面学过的知识，此处需要设定一个距离值来判断是否有墙。读取传感器数据后，首先判断左侧距离是否满足设定的距离要求，若不满足，说明左侧没有墙，应根据红外测距传感器的位置前进一小段距离后向左旋转，然后再前进一段距离。若满足距离要求，说明左侧有墙，此时需要判断机器人前面是否有墙，若没有墙，则继续前行；若有墙，则判断右侧距离是否满足设定的距离要求。当右侧距离满足要求时，机器人自身旋转180°后继续运行。机器人走迷宫编程流程如图8-45所示。

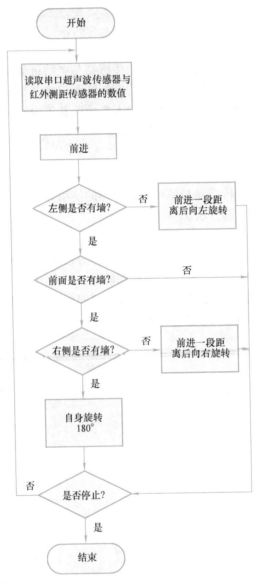

图8-45　机器人走迷宫编程流程

2. 编程步骤

1）参考串口超声波（UART）程序，读取串口超声波传感器数据，如图8-46所示。

2）参考红外测距传感器数据采集程序，读取两侧红外测距传感器数据，如图8-47所示。

3）编写可同时控制PWM的大小和电动机转向的子VI，如图8-48所示。

4）根据左手法则，首先判断左侧红外测距传感器的距离值是否大于或等于10cm，若为

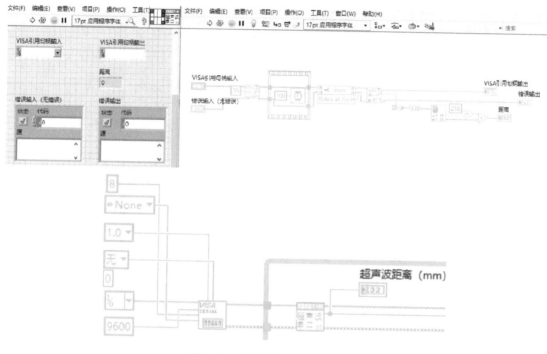

图 8-46　超声波传感器数据读取

图 8-47　红外测距传感器数据读取

真，则让机器人前进半个车位，然后向左旋转 90°，再向前走一个车身的距离，程序如图 8-49所示。

5）若为假，则判断车前的超声波传感器，如果其距离值大于 100mm，则往前走半个车身的距离，程序如图 8-50 所示。

6）若为假，则判断右侧红外测距传感器的距离值是否大于或等于 10cm。若为真，则让机器人前进半个车位的距离，然后向右旋转 90°，再往前走一个车身的距离，程序如图 8-51所示。

7）若为假，则机器人自身旋转 180°，程序如图 8-52 所示。

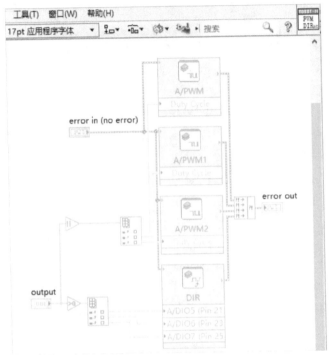

图 8-48　电动机控制子 VI

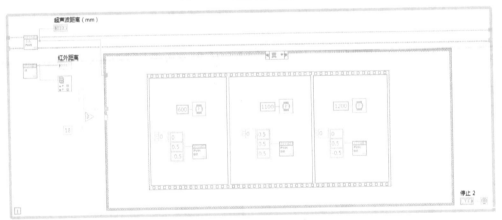

图 8-49　向左行进程序

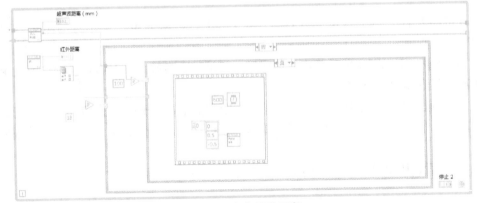

图 8-50　向前行进程序

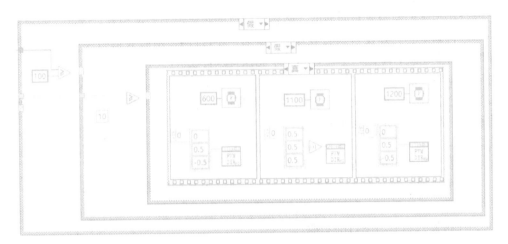

图 8-51 向右行进程序

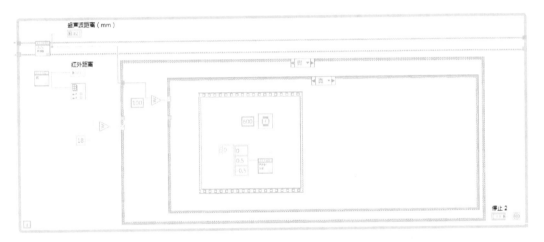

图 8-52 旋转 180°程序

完整的走迷宫程序如图 8-53 所示。

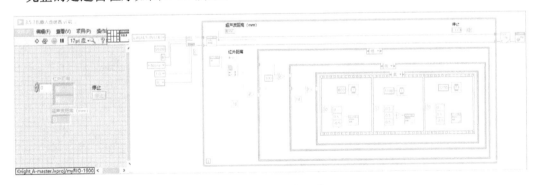

图 8-53 走迷宫程序

3. 运行调试

（1）机器人的基本运动 在实际的运动中，由于硬件的细微差别和各种误差的存在，即使把占空比和频率调制成相同的值，两台电动机的转速也不一定相等。因此，需要对组装好的小车进行调试。例如在直线行驶中，如果小车向右偏，则需要把右侧电动机的转速调高，即增加占空比或者降低频率，直到小车能按直线行驶。

对于小车转弯也应用相同的原理，要根据实际需要的转弯角度进行调试。

（2）走迷宫调试　测试旋转与直行时需要的延时时间，使机器人的运动更加精确，根据上述程序，测试机器是否能够走出迷宫。

五、　思考练习题

1. 根据左手法则走迷宫程序，写出右手法则走迷宫程序。

2. 在左手法则走迷宫程序的基础上，加入速度环 PID 调节功能。

3. 在题目 2 的基础上，在机器人后面设置两个超声波传感器，实现当其检测距离小于 15cm 时，使机器人与后墙平行的功能。

参 考 文 献

[1] 王曙光. 移动机器人原理与设计 [M]. 北京：人民邮电出版社，2013.

[2] 谭建豪，章兢，王孟君，等. 数字图像处理与移动机器人路径规划 [M]. 武汉：华中科技大学出版社，2013.

[3] 邓三鹏，岳刚，权利红，等. 移动机器人技术应用 [M]. 北京：机械工业出版社，2018.

[4] 彭爱泉，宋麒麟. 移动机器人技术与应用 [M]. 北京：机械工业出版社，2020.

[5] 张毅，罗元，徐晓东. 移动机器人技术基础与制作 [M]. 哈尔滨：哈尔滨工业大学出版社，2013.

[6] 宋铭. LabVIEW 编程详解 [M]. 北京：电子工业出版社，2017.